Anja Förster & Peter Kreuz

Zündstoff für Andersdenker

»Wie ein
das andere

Streichholz, entzündet.«

Financial Times über Anja Förster und Peter Kreuz

ANJA FÖRSTER & PETER KREUZ

Zündstoff für Andersdenker

Mit dem richtigen Mindset zum Erfolg

GOLDMANN

Die Originalausgabe erschien 2017 unter dem Titel »Zündstoff für Andersdenker« bei Murmann Publishers GmbH, Hamburg.

Die Texte dieses Buches sind – mit Ausnahme des bislang unveröffentlichten Freiheitsmanifests für Andersdenker – eine Auswahl der besten Kolumnen und Artikel der Autoren, die an verschiedenen Orten bereits erschienen sind. Sie wurden für das Buch überarbeitet und aktualisiert.

Verlagsgruppe Random House FSC® N001967

1. Auflage
Vollständige Taschenbuchausgabe Januar 2019

Umschlaggestaltung: Uno Werbeagentur, München
Illustrationen: Christoph Schulz-Hamparian, Thomas Lutz,
istockphoto, The Noun Project, 123RF
tm I Herstellung: cb
Satz: Satzwerk Huber, Germering
Druck und Bindung: DZS Grafik, Ljubljana
Printed in Slovenia
ISBN: 978-3-442-22246-9
www.goldmann-verlag.de

Inhalt

»Die echten Helden der
Menschheitsgeschichte sind die,
die mit dem Feuer spielen.«

Echte Helden

»Fortschritt, Entwicklung und neues Wissen entstehen, weil es Menschen gibt, die nicht ängstlich vor dem Unbekannten weglaufen, sondern stehen bleiben, genauer hinschauen, experimentieren und Veränderungen vorantreiben.«

Die echten Helden der Menschheitsgeschichte sind die, die mit dem Feuer spielen. Damit sind keine Pyromanen oder andere notorische Feuerteufel gemeint, sondern Menschen, die mutig und neugierig sind, enge Grenzen nicht akzeptieren, altgediente Standards infrage stellen und Neues vorantreiben. So unterschiedlich diese Charaktere auch sein mögen – sie alle haben eines gemeinsam: **In ihnen brennt das Feuer der Veränderung.**

Feuer braucht nur einen Funken

Als in der Steinzeit ein Blitz laut krachend einschlug und einen morschen Baum entzündete, muss es jemanden gegeben haben, der nicht wie alle anderen ängstlich weggelaufen ist – sondern stehen blieb. **Neugierig, überrascht und angetrieben vom Wunsch, diesem Spektakel auf den Grund zu gehen.** So wurde das Feuer entdeckt.

Das war der Zündfunke für große Veränderungen.

Denn Feuer wärmt, spendet Licht, hält Raubtiere fern und hilft bei der Zubereitung von Nahrung. Insbesondere das Erhitzen der Nahrung über dem Feuer machte für die Entwicklung der Menschheit einen riesigen Unterschied: Fleisch wird durch das Grillen und Schmoren keimfrei, manche Wurzeln werden erst durchs Kochen genießbar. Das bedeutete für unsere Vorfahren,

»Wir brauchen Anstifter wie Sie, die mit Neugier und Gestaltungslust das Feuer der Veränderung entfachen. Die Feuer und Flamme sind, außergewöhnliche Dinge in ihrem Leben und ihrer Arbeit umzusetzen.«

dass Magen und Darm entlastet wurden und sie durch das Essen mehr Energie aufnehmen konnten. Das wiederum förderte das Wachstum des Gehirns. Damit begann der rapide Aufstieg der Menschheit.

Von Feuermachern und denen, die es werden wollen

Fortschritt, Entwicklung und neues Wissen entstehen, weil es Menschen gibt, die nicht ängstlich vor dem Unbekannten weglaufen, sondern stehen bleiben, genauer hinschauen, experimentieren und Veränderungen vorantreiben. Die Folge: Entdeckungen. Entwicklungssprünge. Wachsendes Wissen.

Alles, was es dafür braucht, ist erstens ein Zündfunke. Und zweitens die Bereitschaft, diesen zu nutzen.

Wir wollen in diesem Buch Zündfunken liefern für Menschen, die Freude daran haben, etwas zu bewegen – im Beruf und darüber hinaus. Menschen wie Sie! Wir wollen Sie dazu ermutigen, sich mit Neugierde, Experimentierfreude und Tatendrang auf den Weg zu machen und sich einzumischen.

Auf Ihrem Weg begegnen Sie zwangsläufig einer bestimmten Spezies Mensch: den notorischen Bedenkenträgern und selbstgerechten Besserwissern. Für sie ist jede Veränderung des Status quo eine Bedrohung. Sie haben geradezu panische Angst davor, sich die Finger zu verbrennen. Angst, Vermeidung, Selbstbegrenzung und Risikoscheu gehören zur Grundausstattung dieser Menschen, die in der Politik ebenso wie in der öffentlichen Verwaltung und der Wirtschaft anzutreffen sind. Wo sie den Ton angeben, werden alle Chancen, die durch veränderungswillige Menschen hervorgebracht werden, sofort wie ein Virus bekämpft. Die Wirkstoffkombination zur Abwehr der Eindringlinge setzt sich zusammen aus einem engen Regelwerk aus Standards, Normen und Prozessen, die zwingend vorgeschrieben sind. Innerhalb dieser »festen Ordnung« wird das Denken schnell dogmatisch und die vorgegebene Richtung »alternativlos«. Was innerhalb dieser Welt passiert, ist ziemlich vorhersehbar. Die Handlungen folgen vertrauten Mustern und alten Erfolgskonzepten.

Das alles beherrschende Motto lautet: Weiter so wie bisher!

Ohne Abweichung von der Norm ist Fortschritt nicht möglich

Weiter so wie bisher? Uns stinkt das gewaltig! Noch nie haben die Angepassten die Welt verändert. Risikovermeider bewegen gar nichts. Gegen diesen Stillstand wenden wir uns mit unseren Büchern, Vorträgen, Kolumnen und Blogartikeln. Wir glauben an die Menschen und ihr schöpferisches Potenzial. Wir glauben an Menschen wie Sie, die in ihrem Leben Spuren hinterlassen wollen. Und damit auch das Leben der anderen positiv verändern.

Wir brauchen Anstifter wie Sie, die mit Neugier und Gestaltungslust das Feuer der Veränderung entfachen. Die Feuer und

»Jedes Feuer beginnt mit einem Funken. Entzünden Sie damit Ihre Flamme – eine Flamme, die für Veränderung brennt!«

Flamme sind, außergewöhnliche Dinge in ihrem Leben und ihrer Arbeit umzusetzen.

Deshalb haben wir für Sie eine Auswahl unserer besten Artikel und Kolumnen der letzten zwei Jahre zusammengestellt, ergänzt, redigiert, poliert und mit einem Manifest ergänzt. Wir haben daraus *Zündstoff für Andersdenker* gemacht. Jeder Beitrag ist wie ein Zündholz, das am Status quo reibt. Er kann und soll Ihr Funke werden, der Nach- und Neudenken entfacht.

Reibung stört die Harmonie – und entfacht das Feuer

Keine Frage: Wer Dinge verändern will, ob groß oder klein, braucht Reibung. Erst dann können Funken entstehen, die wiederum das Feuer entfachen, dessen Energie für die Veränderung so dringend nötig ist.

Tatsächlich sieht die Sache aber oftmals anders aus. Im allgemeinen Sprachgebrauch ist das Wort »Reibung« äußerst negativ besetzt. Reibung stört die Harmonie und die glatten Abläufe. Pfui, das wollen wir nicht! Reibung ist schlecht, ist böse. Die Balance-Prediger sagen: Sei im Einklang mit der Welt, in Harmonie, im Flow, im Swing, denk an Yin und Yang.

Deshalb wird Reibungspotenzial um jeden Preis vermieden und mit Brandmauern eingedämmt. Die Folge: elende Konformität, austauschbare Meinungsmonokultur, bleierne Harmoniesucht – so weit das Auge reicht.

Unsere Empfehlung: Treten Sie Yin und Yang in den Hintern. Reibung ist pure Energie! Um wirklich nachhaltig etwas zu verändern, müssen Sie Reibung nicht nur dulden, sondern fordern und fördern.

Gruppen, ja komplette Organisationen so umzubauen, dass konstruktive Reibung entsteht, Zündfunken entfacht werden und das Feuer der Veränderung brennen kann, ist möglich. Man muss dafür kein Superheld sein! Man muss einfach nur schauen, dass man mit den richtigen Menschen arbeitet, dass man die Menschen begeistert und dass die Organisation so läuft, dass Veränderung gefördert wird. Einfach … Na gut, zugegeben: Das ist nicht trivial. Aber es ist möglich!

Deshalb haben wir den Zündstoff unseres Buches ein bisschen sortiert. Wir fangen bei Ihnen an, bei Ihren Einstellungen und Ihrer Fähigkeit, sich selbst zu entwickeln. Dann wenden wir uns den Menschen zu, mit denen Sie täglich zu tun haben – die Sie mitnehmen wollen und müssen, um Wandel anzustoßen und voranzutreiben.

Jede Veränderung, die ganze Gruppen und Organisationen erfasst, fängt klein an. Sie fängt bei Ihnen an. Jedes Feuer beginnt mit einem Funken. Entzünden Sie damit Ihre Flamme – eine Flamme, die für Veränderung brennt!

»Wer etwas muss

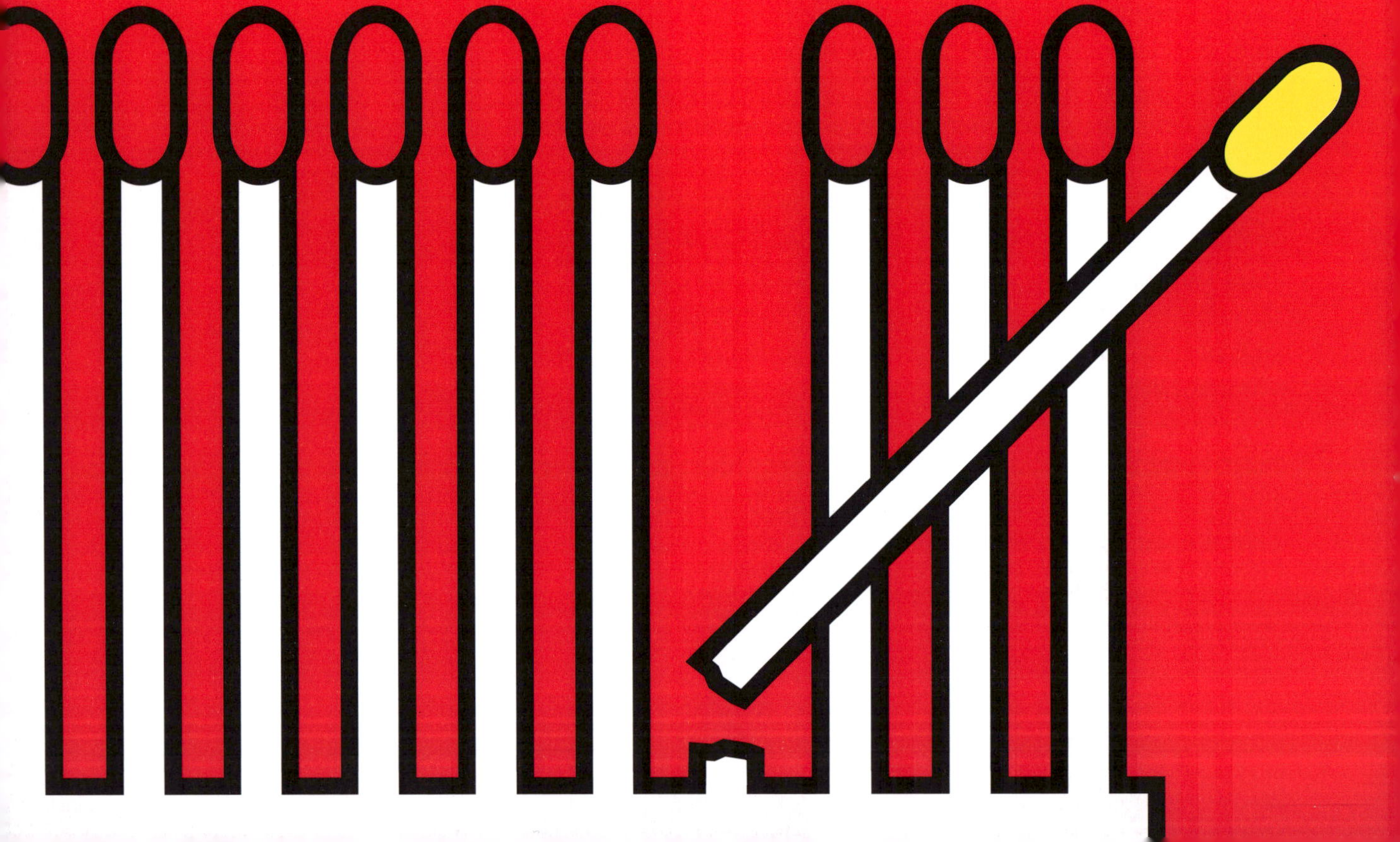

anzünden will,
anders denken
und handeln.«

Die andere Art, Äpfel zu kaufen

In unseren Vorträgen sprechen wir oft darüber: Tugenden wie Fleiß, Sorgfalt und Zuverlässigkeit sind in so gut wie jedem Markt notwendig, um Erfolg zu haben. Aber sie sind nur die Eintrittskarte, um mitspielen zu dürfen. Sie werden einfach vorausgesetzt. Doch sie alleine genügen nicht. **Was heute darüber hinaus jeder braucht, der vom Wettbewerb nicht verdrängt werden will: Mitarbeiter, die die Initiative ergreifen und mit Engagement und kreativem Denken einen Unterschied machen.**

Aber diese Erkenntnis passt beileibe nicht jedem. Neulich meldete sich eine Dame lautstark zu Wort. Sie war aufgebracht: »Ja, für Leute, die so wie Sie studiert haben, trifft das sicherlich zu. Oder wenn man einen kreativen Beruf als Designer, Architekt oder Texter hat. Aber ich bin ja nur Sachbearbeiterin!«

Diesen Einwand hören wir in unterschiedlicher Form immer wieder. Und er macht uns mittlerweile richtig wütend!

Warum? Weil er eine Ausrede ist. Eine ziemlich bequeme dazu. Sich auf die Ich-würde-ja-gern-aber-ich-kann-nicht-darf-nicht-geht-nicht-Leier zurückzuziehen, das ist uns zu einfach!

Langweilige Jobs? Fehlanzeige!

Es gibt keine einzige Arbeit, die nicht mit einer guten Portion Initiative, Kreativität und Engagement besser werden würde. Keine einzige Arbeit, die Sie nicht so ausführen könnten, dass sie alle Beteiligten reicher machen würde, sowohl den Empfänger der Leistung als auch den Leister selbst.

Was den Unterschied macht, hat der Mormonenprediger Randall L. Ridd in einer seiner Predigten wunderbar auf den Punkt gebracht. Um das amerikanische Pathos herauszunehmen, haben wir die Geschichte leicht adaptiert.

Tom bewarb sich bei einer renommierten Firma. Mit Erfolg. Er bekam einen Einstiegsjob. Aber sein Ehrgeiz war geweckt – er wollte mehr. Um genau zu sein: Er wollte mehr Verantwortung und einen höher dotierten Job. Und um das zu erreichen, kniete er sich rein. Er arbeitete gewissenhaft die Aufgaben ab, die ihm übertragen wurden, er kam frühmorgens und blieb auch abends länger, damit sein Chef sehen konnte, dass er es ernst meinte.

Nach vier Jahren war es endlich so weit: Eine Führungsposition wurde frei. Aber zu Toms großer Bestürzung wurde die Position an einen anderen Mitarbeiter vergeben, der gerade erst seit sechs Monaten in der Firma war! Tom war extrem verärgert und forderte von seinem Chef eine Erklärung.

Sein Chef sagte: »Würden Sie mir einen Gefallen tun, bevor ich Ihre Frage beantworte?«

»Na klar«, sagte Tom.

»Würden Sie bitte ein paar Äpfel für mich kaufen? Meine Frau hat mich gebeten, die mitzubringen.«

Tom nickte und machte sich auf den Weg zum Supermarkt. Als er wieder zurückkam und dem Chef die Tüte reichte, sagte sein Chef: »Ah, danke! Welche Sorte Äpfel haben Sie denn gekauft?«

Tom war verblüfft. »Ähm, ich weiß nicht. Irgendwelche. **Sie haben nur gesagt, dass ich Äpfel kaufen soll. Und das sind Äpfel.**«

»Gut. Und wie viel haben sie gekostet?«

»Hm, da habe ich gar nicht drauf geachtet. Sie haben mir 30 Euro gegeben. Hier sind der Kassenzettel und das Wechselgeld.«

»Danke schön, Tom«, sagte der Chef. »Und jetzt setzen Sie sich bitte und hören genau hin.«

Der Chef rief den Mitarbeiter an, der die Beförderung erhalten hatte: »Hallo, Tim, würden Sie mir bitte einen Gefallen tun? Würden Sie bitte ein paar Äpfel für mich kaufen? Meine Frau hat mich gebeten, die mitzubringen.«

Als Tim kurz darauf mitsamt den Äpfeln ins Büro kam, fragte der Chef ihn: »Welche Sorte Äpfel haben Sie gekauft?«

»Oh«, antwortete Tim, »ich war auf dem Wochenmarkt um die Ecke. Dort gab es eine ganze Reihe von Sorten. Granny Smith, Cox Orange, Boskop, Gala, Elstar, Golden Delicious und noch einige

»Es gibt keinen Job, der zu klein oder zu langweilig wäre, um ihn nicht besser oder interessanter oder wertvoller machen zu können. Es gibt keine Mitarbeiter, die nicht mit einem Hauch Initiative, Kreativität und Engagement einen gewaltigen Unterschied machen können.«

»Arbeit ist sichtbar gemachte Liebe.«

Khalil Gibran
Maler, Schriftsteller und Mystiker

mehr. Ich wusste gar nicht, welche Sorte ich kaufen sollte. **Aber mir ist eingefallen, dass Sie sagten, dass Ihre Frau die Äpfel braucht. Also habe ich sie schnell angerufen.** Sie sagte, dass sie für den Kindergeburtstag frisches Apfelmus machen wolle. Und dann habe ich den Händler gefragt, welche Sorte sich am besten für Apfelmus eignet. Er hat mir Boskop empfohlen, weil die sehr aromatisch sind und auch säuerlich, was wohl im Apfelmus am besten schmeckt. Die habe ich dann gekauft.«

»Und wie viel haben die gekostet?«

»Ja, das war die andere Sache. Ich wusste nicht, wie viele ich kaufen sollte. Deshalb habe ich nochmals kurz bei Ihrer Frau angerufen und sie gefragt, wie viel Apfelmus sie machen möchte. Sie sagte, dass sie das gar nicht so genau sagen könne. Es kämen 25 Kinder, und es gäbe Kartoffelpuffer. Dafür solle das Apfelmus reichen. Also habe ich den Händler gefragt, wie viele Äpfel man für Apfelmus für Kartoffelpuffer für 25 Kinder benötigt. Der war erst etwas ratlos und rief dann seine Mutter dazu. Die wusste Bescheid und riet zu fünf Kilo Äpfeln. Er hat mir dann extra noch von Hand eine Quittung geschrieben, hier, bitte.«

»Danke schön«, sagte der Chef, »Sie können jetzt gehen.«

»Ach«, sagte Tim und drehte sich in der Tür noch mal um, »Ihre Frau wird in der Tüte auch eine Zitrone finden. Das ist kein Versehen, sondern ein Tipp der Mutter des Händlers. Der Zitronensaft verhindert, dass das Apfelmus so hässlich braun wird.«

»Danke!«, sagte der Chef noch mal. Sein Blick wanderte zu Tom. Dieser war aufgestanden und sagte mit hängenden Schultern: »Jetzt verstehe ich, was Sie meinen.«

Stimmt. Deutlicher kann man nicht zeigen, welche innere Einstellung zur Arbeit einen Unterschied erzeugt. **Sie können sogar aus dem Apfelkauf etwas Besonderes machen.** Und damit wird auch klar: Es gibt keinen Job, der zu klein oder zu langweilig wäre, um ihn nicht besser oder interessanter oder wertvoller machen zu können. Es gibt keine Mitarbeiter, die nicht mit einem Hauch Initiative, Kreativität und Engagement einen gewaltigen Unterschied machen können.

Die Frage ist nur: Wollen Sie eher Tom sein oder eher Tim?

Wer das innere Spiel gewinnt, kann nichts verlieren

Ende 2015 passierte im Norden Londons etwas Ungeheuerliches, etwas, das kaum jemand noch für möglich gehalten hätte.

Der FC Bayern München hatte zwölf Pflichtspiele in Folge gewonnen, einen neuen Startrekord in der Bundesliga aufgestellt und die ersten Spieltage der Gruppenphase der Champions League als Triumphzug gestaltet. Und dann das: Die Gunners von Arsenal London zogen den Bayern mit 2:0 die Lederhosen stramm.

Die Journalisten und Kommentatoren schwankten zwischen Schock und diebischer Freude: Konnten sie jetzt endlich Krise, Untergangsstimmung oder sonst etwas Verwertbares herbeireden? »Jetzt brechen sie ein!«, »Bayern entzaubert!«, »Guardiola hat sich verzockt!«, »So sind die Bayern schlagbar!«, »Jetzt kommen die Baustellen zutage!«

Ja, ja. Bla, bla. Die Auguren des Untergangs und die medialen Niedergangsrhetoriker liefen mal wieder zur Höchstform auf.

Pep Guardiola, der damalige Trainer der Bayern, verstand die ganze Aufregung nicht: »Wir haben verloren. Ja und? Ist was passiert? Wir haben gut gespielt. Wo ist das Problem?« Diese Aussagen stießen bei vielen auf Unverständnis. Wie kann das denn sein: Die Mannschaft verliert, und Guardiola ist trotzdem zufrieden?

»Wir haben verloren.
Ja und? Ist was passiert?
Wir haben gut gespielt.
Wo ist das Problem?«

Worauf es wirklich ankommt

Spiegel Online analysierte die Haltung des Trainers am nächsten Tag treffend: Guardiola ginge es in erster Linie nicht um das Gewinnen. »An erster Stelle steht immer das gute Spiel (...). Ein

Sieg ist schön, aber oft einfach eine logische Folge des guten Spiels.«

Diese Haltung imponiert uns. Aber es steckt noch mehr darin, denn sie ist auch außerhalb des Fußballstadions wertvoll. Auf den Punkt gebracht unterscheidet Guardiola zwischen dem inneren Spiel und dem äußeren Spiel. Diese Differenzierung wurde vom amerikanischen Sportpädagogen und Unternehmensberater Tim Gallwey vor 40 Jahren vorgenommen: **»Jedes Spiel besteht aus zwei Teilen: Das äußere Spiel wird gegen einen Gegner gespielt. Das innere Spiel findet im Denken des Spielers statt. Es wird gegen sich selbst gespielt.«**

Wir sind der Ansicht, dass es vor allem darauf ankommt, das innere Spiel gut zu spielen. Dafür gibt es drei Gründe:

Erstens: Die meisten Menschen versuchen nur, das äußere Spiel zu gewinnen. Doch dabei gibt es immer viele Parameter, die sich nicht planen und beeinflussen lassen: ein neuer Chef, neue Gesetze, Änderungen beim Kunden, politische Entscheidungen, wirtschaftliche Konjunkturzyklen, Aktionen anderer Marktteilnehmer und oftmals einfach zufällige Ereignisse. Und schon ist das äußere Spiel verloren. Wer dann an sich selbst zweifelt und mit der Niederlage hadert, dessen Selbstwertgefühl erodiert, dessen Lust leidet, dessen Zweifel wachsen. Es geht auch anders: **Wer sein Optimum gibt – das ist die Voraussetzung – und damit das innere Spiel gewinnt, der kann gar nicht verlieren, selbst wenn es im äußeren Spiel nicht zum Sieg reicht.**

Zweitens: Erfolg lässt sich leicht an äußeren Faktoren messen: Umsatzsteigerung, Ertragszuwachs, Titelgewinn, Projekterfolg, Kundenzufriedenheit. Viele Menschen streben vor allem nach einer Belohnung für solche Erfolge in Form von Lob und Anerkennung und fürchten im Falle des Misserfolgs die Strafe durch Missachtung oder Tadel. Sie bemessen den Wert ihrer Leistung anhand der Reaktion Außenstehender. Das führt zu

Abhängigkeit und Unfreiheit. Die Alternative: **Wer sich auf sein inneres Spiel konzentriert, macht sich unabhängig vom Schulterklopfen, dem Beifall oder der beißenden Kritik anderer.**

Drittens: Wenn Sie jetzt denken, dass es Ihrem Chef reichlich egal ist, ob Sie gerade Ihr inneres Spiel gewinnen, beachten Sie bitte: **Die Wahrscheinlichkeit, das äußere Spiel zu gewinnen, ist viel höher, wenn Sie auf Ihr inneres Spiel achten.** Wenn Sie also an Ihr Optimum gehen, an sich arbeiten, sich verbessern, Ihr Bestes geben. Das hilft Ihnen, locker zu bleiben, denn so denken und handeln Sie prozessorientiert, anstatt zielorientiert zu verkrampfen.

»Wirklich frei ist nur, wer sich vom Applaus anderer befreit.«

Das wichtigste Urteil unseres Lebens

»Bei den meisten Menschen würde die Kenntnis darüber, dass eine Aufgabe als un- unlösbar gilt, die Reaktion auslösen, es gar nicht erst zu versuchen.«

Eines Morgens kam George Dantzig zu spät zur Statistik-Vorlesung. Er studierte Mathematik an der Universität von Kalifornien in Berkeley. An der Tafel sah er zwei Aufgaben, die der Professor dort notiert hatte. Er hielt sie für die Hausaufgaben. Doch noch während er sie abschrieb, stöhnte er innerlich: Diese Aufgaben waren ganz schön schwer!

Und tatsächlich, er mühte sich einige Tage lang ab, bevor er die Lösungen gefunden hatte und sie dem Professor gab. Kurz darauf erfuhr er, warum der Professor so große Augen gemacht hatte und er der Einzige gewesen war, der diese Aufgaben gelöst hatte: Es waren gar keine Hausaufgaben gewesen. Stattdessen waren es zwei bis dahin unbewiesene Thesen der Statistik. Mit anderen Worten: Die Aufgaben galten bis dato als unlösbar.

Die Frage ist: Hätte Dantzig die Aufgaben auch lösen können, wenn er gewusst hätte, dass sie »unlösbar« sind? Wir wissen es nicht. Was wir aber wissen: Bei den meisten Menschen würde die Kenntnis darüber, dass eine Aufgabe als unlösbar gilt, die Reaktion auslösen, es gar nicht erst zu versuchen.

Wir vermuten, dass Sie – so wie wir – selten oder nie mit vermeintlich unlösbaren wissenschaftlichen Problemen zu tun haben. Trotzdem ist das Beispiel von George Dantzig für jeden von uns wichtig. Denn die Haltung »Wenn es möglich wäre, hätte es ja schon einer gemacht« existiert eben auch in vielen Alltagssituationen im Geschäftlichen wie im Privatleben. Und mit dieser Haltung werden wir auf jedes »unlösbare« Problem so reagieren: »Das kann ich nie und nimmer schaffen!«

Das werde ich niemals schaffen!

Die Psychologieprofessorin Carol Dweck hat in ihrem Buch *Selbstbild – Wie unser Denken Erfolge oder Niederlagen bewirkt* den Begriff des **statischen Selbstbilds** geprägt: Er bezeichnet die Grundhaltung von Menschen, die glauben, dass sie mit bestimmten Fähigkeiten und Gaben zur Welt gekommen sind, die weitgehend unveränderlich sind. Ein Problem ist in ihren Augen ein Problem und bleibt ein Problem. Sie richten sich in den vorgefundenen Bedingungen ein, so gut es geht.

»Von allen Urteilen, die wir in unserem Leben fällen, ist keines wichtiger als das Urteil, das wir über uns selbst fällen.«

Nathaniel Branden
US-amerikanischer Psychotherapeut und Autor

Menschen mit einem **dynamischen Selbstbild** dagegen glauben, dass Wachstum immer möglich ist und dass man durch Anstrengung und Übung Dinge erreichen kann. Probleme sind in ihren Augen grundsätzlich lösbar, Aufgaben können erledigt werden. Mit dieser Grundhaltung wird jede Fähigkeit und Eigenschaft als veränderbar angesehen. Es geht nicht darum, was ich bin, sondern was ich werden kann.

Diese beiden Selbstbilder sind wie zwei Brillen, durch die man die Welt, sein Leben und seine Arbeit betrachtet und interpretiert. Carol Dweck argumentiert, dass diese Brillen einen enormen Einfluss auf unser Leben, unseren Erfolg oder unser Versagen ausüben. Menschen mit einem dynamischen Selbstbild stopfen Informationen nicht sofort in eine Schublade, sie betrachten sie differenzierter und von mehreren Seiten und fragen sich, was sie daraus lernen und was sie damit anfangen können. Sie glauben grundsätzlich immer, dass sie aus sich selbst heraus etwas bewirken können.

Die Geschichte von George Dantzig ist ein Paradebeispiel für das dynamische Selbstbild: Er besaß zum einen das mathematische Talent und zum anderen die Grundüberzeugung, dass er die beiden Aufgaben lösen konnte – das reichte.

Für uns alle gilt: **Wir können nur so gut werden, wie wir es selbst zulassen.**

Wabi-Sabi – von der Poesie des Nichtperfekten

Als wir kürzlich in Konstanz waren, stand vor unserem Hotel ein 911er Porsche aus den frühen 70er-Jahren. Direkt daneben ein nagelneuer Škoda Octavia. Preisfrage: Vor welchem der beiden Autos blieben Menschen stehen?

Na klar: vor dem alten Porsche natürlich. Und das, obwohl der Škoda das bessere, modernere, sicherere, preiswertere, sparsamere, ja nahezu perfekte Auto mit zeitgemäßer Ausstattung war.

Gut, Sie könnten sagen, dass man so einen Vintage-Porsche eben auch seltener zu sehen bekommt, während uns so ein Škoda täglich zu Gesicht kommt. Aber das ist nicht der Punkt. Die Wahrheit ist: Der Porsche ist so interessant, weil er Charakter hat. Patina. Geschichte. Weil er im Gegensatz zum Škoda eben nicht perfekt ist. Perfektion ist zum Gähnen langweilig.

»Perfektion ist zum Gähnen langweilig.«

Und das gilt auch für Menschen.

Gerade das Geschäftsleben ist kurioserweise voller Škodas: höfliche Menschen in tadellos sitzenden Anzügen, mit tadellosem Lebenslauf und tadelloser Frisur, deren Ecken und Kanten maximal abgeschliffen sind. Aalglatte Wesen, die konsequent auf Nummer sicher gehen und ebensolche Produkte, Kampagnen und Strategien entwickeln. **Man will nichts anstoßen, schon gar nicht anstößig sein.** Die Folge: Austauschbarkeit, so weit das Auge reicht.

Keine Angst vor einem Kratzer im Lack

Menschen lieben das Authentische, das Nichtperfekte. Das macht auch den besonderen Reiz von Liveveranstaltungen aus: Jede DVD ist allemal perfekter. Das macht den Reiz einer Übernachtung bei Airbnb aus: Jedes Fünfsternehotel ist allemal perfekter. Das macht den Reiz eines Altbaus aus: Jeder Neubau ist allemal perfekter. Das macht den Reiz des Reisens aus: Jeder Reisefilm ist allemal perfekter.

»Beschränke alles auf das Wesentliche, aber entferne nicht die Poesie.«

Leonard Koren
US-amerikanischer Künstler und Autor

Im Japanischen nennt man das Wabi-Sabi: ein ästhetisches Konzept, das den Charakter von Dingen mehr schätzt als deren glänzende Fassade. Leonard Koren, der zahlreiche Bücher über die Idee des Wabi-Sabi verfasst hat, beschreibt es so: »Beschränke alles auf das Wesentliche, aber entferne nicht die Poesie. Halte die Dinge sauber und unbelastet, aber lasse sie nicht steril werden.«

Besser kann man es nicht ausdrücken. **Lassen Sie den Dingen ihre Poesie!** Alles, was wir auf Hochglanz polieren, bis das Originelle verschwunden ist, alles, was perfekt ist, verliert seine Poesie und wird glatt wie Teflon und seelenlos wie ein leerer Anzug.

Ob Produkt, Dienstleistung oder Mensch: Natürlich kann man kurzfristig die Verkaufszahlen und den Marktwert erhöhen, indem man an der Perfektion arbeitet. Langfristig aber wird das Interesse des Marktes, des Publikums, der Menschen immer weiter abkühlen. Perfektion weckt keine Sehnsucht. Menschen aber haben Sehnsucht. Nach Poesie, nach Charakter, nach Ecken und Kanten, nach kleinen Kratzern und der ganz eigenen Geschichte.

Wabi-Sabi – kann es einen schöneren Appell geben? Darum: Akzeptieren Sie Eigenarten, Fehler und Macken – bei Ihnen selbst und bei anderen! Natürlich ist das kein Freifahrtschein, sich nicht weiterzuentwickeln. Aber eben nicht auf Kosten Ihrer Originalität!

Also: Wo ist Ihr Wabi-Sabi? Seien Sie stolz auf das, was Sie einzigartig macht!

Alles nur eine Frage der Verbindungen

In Richard Bransons Virgin Group gibt es ein Mantra: A-B-C-D … Das bedeutet: *Always Be Connecting the Dots* – Verbinde stets die Punkte miteinander. Dieser Gedanke ist in unseren Augen eines der entscheidenden Grundprinzipien für die Entwicklung wirklich spannender neuer Ideen.

Denn **Neues entsteht erst, wenn Verbindungen zwischen Gebieten geschaffen werden, die so nicht vorgesehen waren und die kaum jemand erkennt**. Also sagen wir zum Beispiel die Verbindung … hm … sagen wir … zwischen Origami und Weltraumforschung!

Kein Witz, das gibt es wirklich. Vor einiger Zeit lasen wir einen faszinierenden Artikel im *SZ Magazin* über Robert J. Lang, einen Physiker, der bereits 46 Optoelektronik-Patente hielt, bevor er 40 Jahre alt war. Und dann? Dann gab er seine Forscherkarriere auf und verlegte sich auf die Kunst des Papierfaltens. Er gilt heute als einer der bedeutendsten Origami-Künstler der Welt. Und das als Nichtjapaner!

Warum er das gemacht hat? »Es gab schon genug Leute, die sich mit Lasern beschäftigen«, sagt er.

Wenn das schon alles wäre, wäre die Geschichte zwar überraschend, aber sie hätte nichts mit Innovationen zu tun. Nun beginnt jedoch das Verbinden der Punkte: Lang faltet nicht einfach Papier wie alle anderen Origami-Künstler. Nein, er verbindet Origami mit seinen Erfahrungen aus der Forschung. Für die Entwicklung seiner für ihre Eleganz berühmten Modelle verwendet er Computerprogramme, wodurch sich die Komplexität der gefalteten Figuren sprunghaft vergrößerte. Die durchschnittliche Zahl von Faltungen pro Papier bei Origami-Wettbewerben verdreifachte sich. Es wurden Figuren möglich, die vorher undenkbar waren.

»Solange die Punkte noch nicht vorhanden sind, kannst du nicht wissen, ob sie sich einmal verbinden lassen. Das geht erst im Rückblick.«

Steve Jobs
Unternehmerlegende

Doch nicht nur das: Lang verband weitere Punkte miteinander und fragte sich, wo überall Falt-Know-how gebraucht wird. An einer Universität entwickelte er gemeinsam mit Studenten eine zusammenfaltbare Tasche für steriles Medizinzubehör. Sie lässt sich öffnen, ohne dass die Instrumente mit nichtsterilen Objekten in Kontakt kommen. Außerdem entwickelte er ein auffaltbares Weltraumteleskop. Und für ein deutsches Unternehmen berechnete er, wie es seine Airbags am besten falten sollte. Ein genialer Andersdenker!

Lernen, neu zu sehen

Die meisten Menschen glauben, dass die Punkte und Verbindungslinien, die sie jeden Tag vor ihren Augen sehen, bereits alle sind, die es da draußen gibt. Also richten sie ihr Leben danach aus: Sie arbeiten ab, was von ihnen erwartet wird, ecken nirgends an und fügen sich in das, was »man« so tut.

»Wir alle haben die Wahl: Malen nach Zahlen oder ganz neue Verbindungen zwischen den Punkten zu sehen. Dieses Sehen mit neuen Augen zu kultivieren und einzusetzen macht den Unterschied!«

Das kann man so machen, aber wir sind sicher, dass das Leben dramatisch gehaltvoller sein kann, wenn wir nur eine Sache verstehen: All die großartigen Dinge um uns herum sind von Menschen erschaffen worden, die keinen Tick intelligenter sind als der Rest. Aber diese Menschen unterscheiden sich in einer wesentlichen Sache: Sie haben nicht nur die Punkte um sich herum gesehen, sondern auch deren Verbindungen. Mehr noch: **Sie haben verstanden, dass es außerhalb des angestammten Blickfelds noch ganz andere Punkte gibt, die verbunden werden können.**

Superkleber

Wir haben aufgeräumt. Auch in den hintersten Ecken und höchsten Regalen in unserem Büro – in die Hand fielen uns dabei erstaunlich viele Visitenkarten, die wir nach dem Heimkommen zwar immer gleich elektronisch erfasst, aber nie gezählt hatten. Das taten wir jetzt und stellten verblüfft fest, dass wir im abgelaufenen Jahr von unseren Vortragsevents rund 7500 Visitenkarten mitgebracht hatten.

Noch verblüffter waren wir, dass auf circa 7498 davon eine Faxnummer stand. Wir schauten uns an: Wozu das denn?

Wir konnten uns beim besten Willen nicht daran erinnern, wann wir zum letzten Mal ein Stück Papier in einen Apparat gesteckt hatten, damit ein weiteres Stück Papier beim Empfänger wieder rauskommt.

Also: Wozu das denn?

Ganz einfach: Weil irgendwann Anfang der 1980er beschlossen wurde, dass Faxnummern auf Visitenkarten gehören, direkt unter die Telefonnummer. Das Fax war neu und modern und so viel schneller als ein Brief zu verschicken. Irgendwann kam eine Web-Adresse dazu. Und eine E-Mail-Adresse. Und in letzter Zeit finden wir sogar Twitter-Accounts auf Visitenkarten.

Allerdings: Die Faxnummer blieb. Sie klebte fest. Sie ist eine Art lebendes Fossil, das zwar in einigen Branchen immer noch als unverzichtbares Kommunikationsmittel gilt, aber in den meisten Bereichen längst den historischen Wert der »Gelben Seiten« hat.

Lösen wir uns von dem, was es schon gibt

Um möglichen Missverständnissen vorzubeugen: Uns geht es hier nicht um den Sinn oder Unsinn von Faxgeräten, sondern um etwas anderes. **Es ist doch erstaunlich, wie fest unser Geist an Dingen und Abläufen klebt, die kaum jemand mehr braucht, benutzt oder verlangt.** Nur weil es schon immer so war oder

»Es gibt nichts
Inspirierenderes als
ein weißes Blatt
Papier!«

diese Dinge nun mal da sind. Und weil es uns so schwerfällt, etwas wegzulassen. Das gilt nicht nur für Faxnummern auf Visitenkarten. Sondern auch für Prozesse, Richtlinien, Gesetze, Vorschriften, Überzeugungen, Handbücher, Regeln, Verfahren, Rituale …

Wenn Sie sich von alldem lösen wollen, brauchen Sie ein weißes Blatt Papier. Es gibt nichts Inspirierenderes als ein weißes Stück Papier! Denn wenn Sie etwas von Grund auf neu entwerfen, dann brauchen Sie nichts wegzulassen – eben das, was Individuen und Unternehmen so schwerfällt, was uns so viel Angst macht. Sondern dann können Sie kreieren, entwerfen, hinzufügen – das fällt uns allen so viel leichter!

Die Frage ist also zunächst nicht: Was sollen wir streichen? Sondern: Was soll drauf auf das weiße Blatt?

Möglich, dass Sie zu Beginn so etwas wie eine Schreibhemmung haben – ausgelöst durch einen übergroßen Respekt vor dem weißen Blatt. Aber nur Geduld, der Knoten wird platzen! Und dann werden Sie sehen, das Blatt füllt sich fast von allein.

Mit so einem neu gefüllten Blatt können Sie den alten Kleber lösen. Denn jetzt haben Sie das Neue, Frische, Bessere schwarz auf weiß vor Augen. Also:

 Löschen Sie die alte Website!

 Werfen Sie das alte Design über Bord!

 Schreddern Sie das alte Handbuch, den alten Prospekt, die bewährten Templates, das gewohnte Angebot!

 Streichen Sie die Routinesitzung!

Und dann setzen Sie um, was sich auf Ihrem Blatt befindet. Aber Achtung! Ehe es zur leeren Routine wird, greifen Sie erneut zum weißen Blatt Papier.

Dann können Sie erreichen, was der in Japan als »Gott des Managements« verehrte Industrielle Kōnosuke Matsushita empfohlen hat: **Torawarenai sunao-na kokoro – einen Geist, der nicht klebt.**

Außergewöhnlich zu sein ist eine Entscheidung – sonst nichts

René Redzepi ist ein bemerkenswerter Typ. Er ist einer der innovativsten und besten Köche der Welt und für alle in der Wirtschaft Tätigen – somit auch für uns – eine sprudelnde Inspirationsquelle. Sein Restaurant NOMA in Kopenhagen wurde viermal zum besten Restaurant der Welt gekürt – aber dennoch hat es »nur« zwei Michelin-Sterne.

Dass es bei aller Kochkunst, Innovationskraft und Kreativität »nur« zwei Sterne sind, liegt daran, dass Redzepi so eigensinnig ist. Er pfeift auf einige der Vorgaben des *Guide Michelin* für den dritten Stern. Redzepi beugt sich dem Druck des »Systems Michelin« einfach nicht, was auch finanzielle Einbußen für ihn mit sich bringt.

Robbenficker und Lebertranbude

Stattdessen setzt er sich seine eigenen Ziele. Bei der Gründung des Restaurants 2003 ließ er sich von Rezeptideen aus einem Überlebenshandbuch der schwedischen Armee inspirieren: In Kriegszeiten kann man sich nur auf das verlassen, was die Natur an Zutaten hergibt. Und so hat sich Redzepi selbst die Regel auferlegt, ausschließlich Zutaten zu verarbeiten, die der nordische Raum hergibt. Das bedeutet Verzicht auf all die bewährten Ingredienzen der internationalen Küche. Zum Beispiel Verzicht auf Kokosmilch, Curry oder Olivenöl als Zutaten oder auf Espresso zum Dessert – stattdessen kommen Radieschen, Rote Bete, Speck und Sanddorn auf den Tisch.

Diese Idee von »Zeit und Raum« ist heute ein weltweiter Küchentrend, aber vor 15 Jahren war das in den Augen vieler sogenannter Experten eine vollkommen schräge Idee. Und der Spott ließ nicht lange auf sich warten: »Robbenficker« wurden er und sein Team aufgrund der auf den nordischen Raum begrenzten Zutatenauswahl genannt, und sein Restaurant in Kopenhagen wurde als »Lebertranbude« verhöhnt.

Den Weg selbst pflastern

Doch der Spott war wie ein Turbolader für René Redzepi. Was ihn so erfolgreich macht, ist in dem großartigen Dokumentarfilm *NOMA – My Perfect Storm* zu sehen. Der Film gibt einen tiefen Einblick in das Denken und Handeln dieses widerspenstigen und außergewöhnlichen Typs.

Für uns die Schlüsselszene in dieser Doku: der Tag der Verleihung des Preises für das »Beste Restaurant der Welt«. Redzepi, der eigentlich nicht damit gerechnet hat, wird als Gewinner auf die Bühne gebeten. Nach den üblichen Danksagungen an das Team und die Jury sagt er folgende Sätze, die uns fasziniert haben: »Vor uns liegt kein gepflasterter Weg – und das ist unsere Entscheidung –, weil wir die Steine selbst legen wollen … Lasst uns weiterhin gemeinsam scheitern!«

Wir finden, das ist eine sensationell gute Aussage. Denn darin steckt die Wurzel des Unterschieds zwischen gut und außergewöhnlich: **Schon einfach nur durchschnittlich gut zu sein ist heute ziemlich anstrengend.** Es erfordert harte Arbeit und jede Menge Kraft und Einsatz. Dafür gebührt jedem bereits großer Respekt. Das gilt nicht nur fürs Restaurantbusiness, sondern auch für alle anderen Branchen.

Pflastern Sie die Straße unter sich, während Sie darauf gehen

Durchschnittlich gut zu sein ist eine Leistung … und für viele bereits Herausforderung genug. René Redzepi aber ist ein Andersdenker. Er hat sich aus freien Stücken zu etwas anderem entschlossen: Er und sein Team haben entschieden, nicht nur gut, sondern außergewöhnlich zu sein. Noch mal: Das ist eine Entscheidung. Niemand hat das von ihnen gefordert.

Und es hat Konsequenzen. **Wenn Sie diese Entscheidung für sich getroffen haben, dann müssen Sie dafür etwas tun, das über das Normale, Erwartbare hinausgeht.** Sie müssen weiter gehen, als die gebahnten Wege führen. Sie müssen die Straße unter sich pflastern, während Sie darauf gehen. Sie müssen sich ins Ungewisse voranscheitern. So wie das Redzepi und sein Team täglich tun.

Wenn Sie das wirklich wollen, dann sollten Sie sich jeden Tag aufs Neue diese Frage stellen:

»Was will ich HEUTE tun, was durchschnittlich gute Leute nicht gewillt sind zu tun?«

»Wer etwas
muss

anzünden will,
sich selbst
entwickeln.«

Werden Sie süchtig nach Premieren

Können Sie sich noch daran erinnern wie es war, als Sie das fünfte Mal Sex hatten? Jede Wette, dass Sie das nicht können. Genauso wenig werden Sie sich an Ihren dreizehnten Schultag erinnern können, an den sechsten Tag, als Sie Ihr neugeborenes Baby auf dem Arm hatten, oder an den Tag, an dem Sie zum dritten Mal an einer Wahl teilnehmen durften.

Nein, Sie erinnern sich an die Premieren! An die erste eigene Wohnung. An das erste selbst verdiente Gehalt. An den ersten Kuss, an die erste Freundin, an den ersten Urlaub ohne Eltern …

Zurückschauen – und dabei stehen bleiben

Wir können uns an viele Premieren in unserem Leben erinnern. Das sind fantastische Erinnerungen, die unser Leben enorm bereichern. Ihnen wird es genauso gehen. Natürlich erinnern wir uns an die Premieren genau deshalb so viel besser als an das zweite oder dritte Mal, weil beim ersten Mal so viel mehr Emotionen im Spiel waren. **So funktioniert unser Gehirn: Je emotionaler ein Erlebnis ist, desto tiefer ist der Eindruck, den es hinterlässt, und desto länger ist die Halbwertszeit unserer Erinnerung.**

Das bedeutet auch: Wenn wir lernen und uns entwickeln wollen, sind es genau diese ersten Male, die uns dabei helfen – weil sie besonderen Eindruck hinterlassen. Für die meisten Menschen gilt aber leider: Die Zahl der Premieren in ihrem Leben nimmt stetig ab. Und das nicht etwa, weil die Möglichkeiten beschränkt wären. Das Gegenteil ist der Fall: Die meisten gewinnen, je älter sie werden, zunehmend Möglichkeiten, Geld und Gelegenheiten, etwas auszuprobieren. Dennoch vermeiden sie neue Erfahrungen und richten sich in den Erinnerungen an die vergangenen Premieren ein.

Das Geheimnis, sich zu entwickeln

Sich in den Premieren der Vergangenheit einzurichten ist kein kluges Konzept. Denn das Geheimnis, lebendig zu bleiben und sich weiterzuentwickeln, besteht darin, immer wieder bewusst Premieren zu suchen und sich förmlich in die ersten Male zu verlieben.

Werden Sie süchtig nach Premieren! Halten Sie es mit Mark Twain: »Wirf die Leinen und segle fort aus deinem sicheren Hafen. Fange den Wind in deinen Segeln. Forsche. Träume. Entdecke.«

Das ist nicht schwer! **Sie können fast täglich Premieren herbeiführen:**

Premiere: Besuchen Sie das erste Mal eine Konferenz oder Messe, die Sie noch nie besucht haben!

Premiere: Gehen Sie einfach mal mit jemandem aus Ihrer Firma zum Essen, mit dem Sie noch nie zusammengearbeitet, diskutiert oder gesprochen haben!

Premiere: Setzen Sie ein Projekt auf, das es so in Ihrem Unternehmen oder gar Ihrer Branche noch nie gegeben hat!

Premiere: Machen Sie eine völlig andere Art von Urlaub – Rucksack, Luxus, Camping, Hiking, Trampen, Airbnb, Tauchen, Angeln – in Ländern, in denen Sie noch nie zuvor waren!

Premiere: Probieren Sie eine neue Sportart aus!

Premiere: Besuchen Sie eine Stadt, ein Museum, ein Konzert, eine Oper, ein Theater, ein Fußballspiel, einen Fastnachtsumzug, einen Gottesdienst, einen Shop, ein Restaurant, wo Sie noch nie zuvor waren!

Wann war bei Ihnen das letzte Mal das erste Mal?

Wir stellen immer wieder fest, dass die erfolgreichsten und interessantesten Menschen, die wir auf der ganzen Welt kennengelernt und über die wir in unseren Büchern und Artikeln geschrieben haben, eine Sache gemeinsam haben: Sie brennen für Premieren!

Sie treiben das Neue an, selbst wenn das Alte noch bestens funktioniert. Sie lernen von anderen Branchen und kombinieren Geschäftsmodelle. Wie zum Beispiel der schweizerische Matratzenhersteller, der Mikrochips in Matratzen baut und mit ihnen Flottenmanagement betreibt. Oder wie der mittelständische Büroartikelhersteller, der eine Flatrate für Büromaterial erfindet. Sie arbeiten mit ungewöhnlichen Partnern. Wie zum Beispiel das Krankenhaus, das mit Ferrari kooperiert.

Jeder Mensch hat die Kraft zur Veränderung. Jeder Mensch kann Neues lernen, Neuland entdecken und sich entwickeln. Füttern Sie diese Kraft mit Premieren!

»Ich bereue nichts im Leben, außer dem, was ich nicht getan habe.«

Coco Chanel
Modedesignerin und Unternehmerin

Der einzige Vergleich, der im Leben wirklich zählt

Carmen Herrera malt seit Kindestagen – also seit einer unfassbar langen Zeit, denn sie wurde 1915 auf Kuba geboren. Seit fast 80 Jahren lebt sie nun schon in New York, der lebendigsten Kunstmetropole der Welt. Sie malt viel, und sie malt gut. Aber all die Jahrzehnte nahm nie irgendjemand von ihr oder ihren Bildern Kenntnis.

Kann man so jemanden als Künstlerin bezeichnen? Oder ist sie eher eine Hobbymalerin?

Doch dann, mit 89 Jahren, verkaufte sie ihr erstes Bild. Ist das nun ein Erfolg? Na ja, das ist so ähnlich, wie nach zwölf Jahren die erste Gehaltserhöhung zu bekommen, nach vier Jahren mit seinem Newsletter 180 Abonnenten zu haben, nach zehn Jahren Schauspielerei das erste bezahlte Engagement zu erhalten, im zehnten Marathon zum ersten Mal eine Zeit unter sechs Stunden zu schaffen. Also: Sind das Erfolge oder Misserfolge?

Es kommt darauf an, mit wem oder was Sie es vergleichen. Tatsache ist, dass immer irgendjemand schneller, höher, weiter, berühmter, erfolgreicher, beliebter ist als Sie.

»Tatsache ist, dass immer irgendjemand schneller, höher, weiter, berühmter, erfolgreicher, beliebter ist als Sie.«

Wie das Vergleichen produktiv wird

Irgendwer verdient immer mehr Geld, hat mehr Freunde, ein größeres Haus oder mehr Follower auf Facebook, Twitter oder Instagram. Was Sie auch messen und was Sie auch vergleichen: Irgendjemand hat immer mehr.

Aber wenn das so ist: Was ist dann der tiefere Sinn des Vergleichens? **Bloß weil man etwas messen oder in eine vergleichende Beziehung setzen kann, heißt das weder, dass es wichtig ist, noch, dass es irgendeine Relevanz für uns haben muss.**

Viel wichtiger finden wir, uns darüber klar zu werden, was uns wichtig ist, was wir verändern möchten oder was wir erreichen möchten – und dann alle Vergleiche zu IGNORIEREN, die damit NICHT im Zusammenhang stehen!

Der einzig wichtige Vergleich ist das, was wir tun, mit dem zu vergleichen, wozu wir fähig sind.

Wir wollen also nicht empfehlen, alles Vergleichen sein zu lassen. Das ist Quatsch! Nein: Bitte vergleichen Sie! Aber vergleichen Sie eben nur die Dinge, die Sie auf dem Weg zu Ihrem Ziel unterstützen. Alles andere ist sinnloser, ablenkender Lärm.

Übrigens: Carmen Herrera wurde im Alter von 94 Jahren von Kunstkritikern als »die Entdeckung des Jahrzehnts« gefeiert und von der *New York Times* als »the hot new thing in painting« bezeichnet. Ihre Bilder hängen jetzt im MoMA in New York und in der Tate Modern in London. Sie ist damit heute auch nach äußeren Maßstäben ganz klar eine Künstlerin. In einem Interview anlässlich ihres 100. Geburtstags sagte sie alles, was dazu zu sagen ist: **»Life is wonderful and funny.«**

»Das Vergleichen ist das Ende des Glücks und der Anfang der Unzufriedenheit.«

Søren Aabye Kierkegaard

Wenn die Perfektion geht, kommt der Erfolg

Sosehr wir den Sommer lieben – im Herbst gibt es eine Sache, die wir kaum erwarten können: das Enjoy-Jazz-Festival in Heidelberg, Mannheim und Ludwigshafen ab Anfang Oktober.

Dort waren schon Hochkaräter wie Herbie Hancock zu erleben. Aber eine war nie dort und wird es leider nie sein, weil sie schon 1996 verstorben ist: Ella Fitzgerald, die wohl bekannteste und einflussreichste Frauenstimme des Jazz.

Es gab einen besonderen Moment in ihrer Karriere, der für uns alle heute mehr denn je von Bedeutung ist: 1960 gab sie ein Konzert in Berlin, das für ein Livealbum aufgenommen wurde. Als sie den berühmten Brecht-Klassiker »Mack the Knife« aus der *Dreigroschenoper* sang, wusste sie in der sechsten von acht Strophen plötzlich nicht mehr weiter. Der Text war weg. Sie war blank. Und das live und vor Publikum, mitten in der Aufnahme!

Was hätten Sie gemacht?

Was Ella Fitzgerald NICHT sagte: »Oh, mein Gott! Wie peinlich! Ich habe den Text vergessen. Bitte löscht das! Tut mir leid! Das darf nicht auf die Aufnahme! Wir fangen noch mal von vorne an! Mein Fehler! Sorry!«

Nein, schließlich war sie Jazzmusikerin. Und das heißt in so einem Fall: **Sie improvisierte!**

Und wie!

Sie ging nahtlos und mühelos dazu über, einfach zu singen, was ihr spontan einfiel. Sie sang, dass ihr gerade der Text entfallen sei, dass sie aber denselben Song singe, den schon Bobby Darin und Louis Armstrong gesungen hätten, und was für tolle Platten die aus diesem Song gemacht hätten. Und dass nun Ella hier sei mit ihrer Band und sie nun zusammen ebenfalls eine

Platte aus demselben alten Song machen würden. Sie sang nicht einfach nur, sie gab alles. Ella Fitzgerald spielte ein Solo mit ihrer Stimme, sprang die Oktaven hoch und runter, schnurrte, krähte, kiekste, sang rauchig, samtweich, kantig, fröhlich, höflich, kindlich, frech.

Der Song war von Anfang an grandios, aber **der mit Abstand beste Part war der letzte Teil ab dem Moment, als sie den Text vergessen hatte**.

Das Publikum war völlig aus dem Häuschen, es riss die Leute von den Stühlen für minutenlange Standing Ovations. Und auch die Hörer der Platte *Ella in Berlin* sind bis heute begeistert und können sich kaum satthören an dieser fantastischen Interpretation eines wunderbaren Songs.

Für diese Meisterleistung erhielt Ella Fitzgerald gleich zwei Grammys, sowohl für das Album als auch für den Song.

»Wenn wir die Überraschungen nicht ›wegplanieren‹ können, dann können wir sie wenigstens geschickt nutzen: mittels Jazz im Kopf statt vorgefertigter Partitur.«

Text vergessen – Grammy gewonnen!

Und was bedeutet das jetzt für uns alle? Improvisieren hat hierzulande ein schlechtes Image. »Improvisiert« klingt wie »nicht vorbereitet«, »gleichgültig«, »aus der Hüfte geschossen«, »dilettantisch«, »unprofessionell«. Bei der Arbeit gilt ein Improvisateur als ein Durchwurschtler, ein Chaot, jemand, dem es an Strategie und Planung fehlt.

Gerade wir Deutschen sind ja darauf dressiert, alles sauber zu planen: **Ein Leben ohne Terminkalender und strategische Planung gilt zwar als möglich, aber sinnlos.** Wir sind Planungsfetischisten, weil wir Überraschungen hassen. Aber diese Überraschungen gibt es trotzdem.

Natürlich sind Planen, Szenarien durchspielen und rechtzeitiges Nachdenken kein Fehler. Nur sollten wir nicht den Plan mit der Realität verwechseln! Das lateinische Adjektiv »planus« bedeutet »flach«, »eben«, also etwas Überschaubares ohne Überraschungen. Ist so die Welt? Natürlich nicht!

Uns sollte klar sein, dass die Bedingungen gerade in der Wirtschaft immer unberechenbarer, unplanbarer werden. Und das bedeutet: **Wir brauchen viel mehr Improvisationstalent!** Wenn wir die Überraschungen nicht »wegplanieren« können, dann können wir sie wenigstens geschickt nutzen: mittels Jazz im Kopf statt vorgefertigter Partitur.

Im Fabrikzeitalter war kein Platz für Improvisation. Aber heute brauchen wir diese menschliche Grundfähigkeit immer mehr. Menschen sind von Natur aus Improvisationstalente, die flexible, individuelle Reaktion ist eine der größten Stärken des Homo sapiens – wenn man ihn lässt.

Wir haben die Wahl, ob wir in unserer täglichen Arbeit lieber versuchen zu funktionieren wie geplant oder ob wir unsere Kreativität freisetzen – und damit das Gegenteil eines Roboters werden: nämlich ein Mensch wie Ella in Berlin.

»Das Leben ist wie Jazz. Es ist am besten, wenn du improvisierst.«

George Gershwin

Komponist und Jazzmusiker

Ich will alles, und ich will es jetzt

»Die Zutat heißt ›harte Arbeit, und zwar konsistent‹.«

Haben Sie sich schon einmal für das neue Jahr etwas vorgenommen? Und? Hand aufs Herz: Wie viel davon haben Sie umgesetzt?

Wenn Sie sich jetzt ein wenig ertappt fühlen: Sie sind in guter Gesellschaft! **Die Statistik bescheinigt, dass es 92 Prozent der Menschen nicht gelingt, ihre Neujahrsvorsätze umzusetzen. Das heißt aber auch: 8 Prozent schaffen es.**

Die Frage ist: Wie machen die das? Und: Wie können auch Sie es schaffen, Ihre Versprechen gegenüber sich selbst einzuhalten? Und zwar nicht nur die Neujahrsvorsätze!

Viele tun sich deshalb so schwer damit, weil wir in einer Welt der sofortigen Bedürfnisbefriedigung leben: Film schauen? – Sofort bei einem Streamingdienst unserer Wahl. Ein bestimmtes Musikstück hören? – Auch hier: Ein beliebiger Streamingdienst liefert on Demand. Hunger? – Fahr mal eben beim Schnellrestaurant raus. News? – Social Media liefert den persönlichen Nachrichtenmix auf das Handy.

Wen wundert es da, dass viele auch mit dem sofortigen Erfolg rechnen?

Eingefangen in der Jetzt-sofort-in-Echtzeit-Blase glauben wir irgendwann auch an die »Sechs-Minuten-Heilmethode«, an den »Nichtraucher in 120 Minuten«, an den »Minuten-Manager«, an das »Gesund-in-sieben-Tagen-Programm« und daran, dass wir in zwei Wochen fließend Französisch sprechen, unser neuer Twitter-Account nach drei Tagen mehrere tausend Follower hat und dass das 14-Tage-Beachbody-Training auch bei uns funktioniert.

Doch regelmäßig platzt die Illusion: Nach drei Wochen können wir gerade mal auf dem Niveau eines Zweijährigen Französisch sprechen, unser neuer Twitter-Account hat nach einer Woche nur neun Follower, und nach 14 Tagen Training haben wir immer noch kein Sixpack.

Der Mythos von Sisyphos – jetzt mit Happy End

Das Geheimnis des Erfolgs ist eine entscheidende Zutat, die in all diesen Instant-Methoden fehlt. Die Zutat heißt »harte Arbeit, und zwar konsistent«. Ganz einfach. Zumal uns Konsistenz grundsätzlich liegt, denn jeder Mensch ist konsistent, wenn ihm eine Sache großen Spaß macht oder wenn er es schlichtweg sein muss. **Das Problem dabei: Viele machen Konsistenz abhängig von Ergebnissen. Und darum hören sie auf, bevor die Ergebnisse da sind.**

Egal was Sie machen: Großartige Ergebnisse brauchen Zeit, und es dauert unter Umständen sehr lange, bis man sie erreicht hat. Wenn Sie also sagen: Gut, ich mach ja weiter, aber nur, wenn ich jetzt sofort ein Erfolgserlebnis bekomme, dann haben Sie sich bereits selbst sabotiert. **Denn umgekehrt wird ein Schuh draus: Das Erfolgserlebnis wird nur kommen, wenn Sie weitermachen.**

Konsistenz ist die Voraussetzung für Erfolg, keine abhängige Variable! Konsistenz hat nichts mit den äußeren Umständen zu tun. Dass Sie nicht genügend Zeit haben oder dass niemand Ihnen hilft – das sind zwar erschwerende Bedingungen für das Gesamtergebnis, aber nichts davon ist ein Grund für fehlende Konsistenz. Der einzige Zusammenhang ist der mit Ihrer inneren Haltung: Halten Sie Ihr Versprechen gegenüber sich selbst, dabeizubleiben und es durchzuziehen, egal wie die kurzfristigen Ergebnisse aussehen? Ja oder nein?

Es geht bei der Konsistenz darum, eine Art Automatismus hinzubekommen: Es einfach zu tun. Regelmäßig. Immer wieder. Der Prozess des regelmäßigen Tuns steht im Vordergrund, nicht das Ergebnis. Das heißt konkret: Sie tun es nicht deshalb, weil Sie ein Ergebnis erwarten, sondern weil Sie es gestern getan haben und es morgen wieder tun werden. Egal, was dabei herauskommt. Tun und Ergebnis müssen entkoppelt werden!

Das beste Konsistenz-Werkzeug ist unser Kalender.

Ob privat oder beruflich: Ihr Kalender lügt nie. Ein Blick auf Ihren Kalender verrät, wo Ihre echten Prioritäten liegen. Ihre Kinder sind Ihre Top-Priorität im Leben? Tatsächlich? Dann ist in Ihrem Kalender Zeit für Ihre Kinder reserviert! Strategische Fragestellungen sind eine Top-Priorität Ihrer Arbeit? Tatsächlich? Dann ist in Ihrem Kalender Zeit für Strategie reserviert. Und nicht 99,9 Prozent Tagesgeschäft. Sport ist Ihnen wichtig? Tatsächlich? Dann steht Zeit für Sport in Ihrem Kalender. Regelmäßig!

Wenn Sie also nicht schaffen, was Sie sich vorgenommen haben, wenn es Ihnen zwar wichtig ist, Sie aber einfach nicht dazu kommen – dann belügen Sie sich selbst. Das sind Ausreden! Schauen Sie einfach in Ihren Kalender und lesen Sie es nach! Sie haben einfach anderen Dingen eine höhere Priorität gegeben.

Was Sie nicht tun, hat für Sie keine Bedeutung. Das ist die Wahrheit. **Nur was Sie regelmäßig tun, ist Ihnen wichtig. Und dann werden auch die Ergebnisse kommen.**

Schiffbruch mit Delfin

Der griechische Philosoph Plutarch bezeichnete sie als »Freunde aller Menschen, die ihnen häufig wertvolle Hilfe gewähren«. Die Rede ist von Delfinen, die Schiffbrüchige vor dem Ertrinken retten, indem sie sie an die Küste tragen.

Weil die Geschichten über die lebensrettenden Meeressäuger zu allen Zeiten und in allen Kulturen immer wieder auftauchen, haben sich auch Forscher mit diesem Phänomen beschäftigt. Sie brachten eine Gruppe von Delfinen in einem großen Wasserbecken zusammen, warfen einen großen schweren Ball hinein und schauten, was passierte. Die Tiere stürzten sich mit großer Begeisterung auf den Ball und schoben ihn wild im Becken herum. An diesem Spiel haben sie offensichtlich eine gigantische Freude.

Und genau das ist der Punkt: Delfine tragen im Wasser treibende Menschen nicht an die Küste, um sie zu retten, sondern spielen mit ihnen. Wenn der Schiffbrüchige Glück hat, dann verlieren sie die Lust am Spiel erst in Küstennähe. Das heißt leider auch, dass für jeden Geretteten, der von ihnen in Richtung Land gestupst wurde, wahrscheinlich drei andere Schiffbrüchige in die anderen Richtungen getragen wurden. Das sind die, die dann nicht mehr über ihr Delfin-Abenteuer berichten konnten …

Dumm nur, dass jeder Gerettete ein weiterer Beweis für die Richtigkeit der These ist, dass Delfine menschenfreundliche Wesen sind – die Nichtgeretteten können ja kein Gehör mehr finden.

Wir Menschen neigen dazu, das zu sehen, was unseren Glauben untermauert. Wenn Geschehnisse mit vorgefassten Meinungen übereinstimmen, fühlen wir uns bestätigt, den Rest blenden wir aus. Der Effekt: Je mehr Sie glauben, desto weniger hinterfragen Sie. Und desto weniger wissen Sie.

»Je mehr Sie glauben, desto weniger hinterfragen Sie. Und desto weniger wissen Sie.«

»Pflegen Sie eine ketzerische
Grundhaltung. Hinterfragen
Sie Offensichtliches. Entlarven
Sie die Dogmen Ihrer Branche,
Ihres Unternehmens und Ihres
eigenen Lebens!«

Einziges Heilmittel gegen diesen Selection Bias ist eine konsequent ketzerische Grundhaltung: »Warum glaube ich eigentlich, was ich glaube?« Halten Sie also Ausschau nach Irritationen, nach Widersprüchen und Brüchen im Muster. Hinterfragen Sie generell alle Standardaussagen, um die Dogmen unter ihnen zu entlarven.

Und am besten fangen Sie gleich damit an! Hier ein paar Wahrheiten, die Sie getrost hinterfragen dürfen:

 »Arbeit ist da, wo ich hinfahre.«

 »Karriere machen bedeutet, mehr Geld zu verdienen.«

 »Wenn jeder macht, was er will, bricht alles zusammen.«

 »Professionell ist derjenige, der Privates draußen lässt.«

Stellen Sie systematisch Ihre Wahrheiten auf den Prüfstand. Eine allgemein anerkannte und akzeptierte Regel ist unter bestimmten Umständen die schlechteste, die eine Person befolgen kann.

Der entscheidende Faktor ist fanatisches Hinterfragen über das Offensichtliche hinaus.

Wie uns Feuerwehrleute das Loslassen lehren

»Wer sich für Neues öffnen will, wer Veränderung will, ob privat oder beruflich, muss das Loslassen lernen.«

Wir wollen Sie mit diesem Buch ermutigen, ein Feuer anzuzünden, das Veränderung bewirkt und dessen Energie Sie nutzen können. Feuer kann selbstverständlich auch zerstörerisch sein. Wie in dieser wahren Geschichte.

Eine Gruppe von Feuerwehrleuten kämpfte seit Tagen gegen ein Buschfeuer in Colorado an. Mit schwerem Gerät waren sie in unzugänglicher Landschaft unterwegs, um eine Schneise zu schlagen. Plötzlich fegte eine Windböe über die Männer hinweg, das Feuer sprang auf die andere Seite der Schneise. Die Männer waren augenblicklich auf drei Seiten von der lodernden Flammenwand umgeben, die vierte Seite begann sich zu schließen …

Den erfahrenen Feuerwehrleuten war ihre Lage sofort klar. Sie mussten sich so schnell wie möglich zum Waldrand zurückziehen, bevor das Feuer sie einschloss, denn sonst hätten sie keine Überlebenschance. Ein Wettlauf mit der Zeit.

Werft eure Ausrüstung weg!

Wir wissen nicht viel mehr von den letzten Minuten der Männer, denn viele verloren den Wettlauf und kamen ums Leben. Aber ein Faktum wurde durch die Untersuchung des Unglücks rekonstruiert: Die Männer waren tatsächlich schwer bepackt auf dem Rückzug, als sie vom Feuer kurz vor dem Waldrand eingeholt wurden. **Die schweren Gerätschaften hatten ihre Flucht verlangsamt.** Dennoch hätten sie es beinahe geschafft.

Die Frage ist: Warum haben sie ihre Last nicht abgeworfen und sind um ihr Leben gerannt? Warum haben sie sogar den Befehl: *Drop your tools!* – Werft die Geräte weg! – ignoriert? Wieso haben sie diese Fehlentscheidung getroffen? Was ging im Kopf der Verunglückten vor?

Warum wir nicht so einfach loslassen können

Karl Weick, emeritierter Professor für Organisationspsychologie an der University of Michigan, schrieb über die Hintergründe dieses Unglücksfalls in einem Beitrag für das *Administrative Science Quarterly*. Er nannte darin die folgenden zutiefst menschlichen, aber in diesem Fall tödlichen Motive für das Festhalten an der Ausrüstung, die wir für bemerkenswert und extrem lehrreich erachten:

Identität: Feuer kann man nicht mit der Hand oder dem Körper bekämpfen. Werkzeuge sind darum identitätsstiftend. Werkzeuge und Feuerwehrmann bilden sozusagen eine Einheit. Die Angst vor dem Wegwerfen ist somit auch die **Angst vor dem Verlust der eigenen Identität**.

Soziale Dynamik: Weick nennt es »pluralistische Ignoranz«: Wenn der Vordermann sein Werkzeug bei sich behält, erweckt das beim Hintermann den Eindruck, es sei besser und sicherer, das auch zu tun. **Im Zweifelsfall: Ich auch!**

Gelerntes Verhalten: Feuerwehrleute haben in der Ausbildung immer wieder gehört, dass sie auf ihre Ausrüstung achten sollen. Sie einfach liegen zu lassen **widerspricht einem akzeptierten Grundprinzip**.

Zugeschriebener Wert: Die Feuerwehrleute betrachten das Werkzeug als wertvoll. Sie setzen buchstäblich ihr Leben dafür ein, diesen Wert zu erhalten, indem sie das Werkzeug zum Beispiel vergraben oder es wegtragen. Dabei **opfern sie den unsicheren Wert der Zukunft für den sicheren Wert des Status quo**.

Mangelnde Übung: Die Feuerwehrleute haben keine Übung im Loslassen. **Das Wegwerfen von Werkzeug benötigt Training**, so erstaunlich das klingt.

Wir finden diese Gründe so frappierend, weil sie uns auch im Alltag regelmäßig begegnen. Die tragische Geschichte wird damit zu einer aussagekräftigen Allegorie – denn Leben heißt Veränderung. Wir können nichts festhalten – weder Besitz noch Menschen, noch die Zeit. Deshalb ist es so wichtig, das Loslassen zu lernen. Doch genau das fällt vielen unendlich schwer, und zwar aus den gleichen Gründen wie den Feuerwehrleuten aus Colorado.

Mit weniger Gepäck kommen wir besser voran

Auch im Privaten gilt das: Eine ehemalige Studienkollegin von Anja ist seit zwei Jahren geschieden. Ihr Exmann ist längst weggezogen. Aber bei jedem Treffen mit Anja fällt nach spätestens zwei Minuten sein Name … sie schafft es nicht, sich innerlich von ihm zu lösen. Und darum ist es auch kein Wunder, dass es mit einem neuen Partner nicht klappen will!

Wer sich für Neues öffnen will, wer Veränderung will, ob privat oder beruflich, muss das Loslassen lernen. Denn je länger Sie Ihren Ballast mit sich herumschleppen, umso schwieriger fällt der Aufbruch, bis er irgendwann unmöglich wird.

Zukunftsfähigkeit heißt deshalb: aufräumen, entrümpeln und ausmisten. Sie bedeutet, sich regelmäßig zu fragen, welche Prozesse, Vorschriften, Regeln und Systeme weggelassen werden können und müssen.

Und dann: all dies loslassen – bevor Sie vom Feuer eingeschlossen sind!

Das Freiheits-manifest für Anders-denker

Vielleicht an Fabriken oder Bürotürme? An Zahlen und Bilanzen? Oder an Menschen, die jeden Tag wie Ameisen durch U-Bahn-Schächte oder verstopfte Straßen in ihre Büros krabbeln und am Abend wieder zurück? Das liegt nahe. Doch es zeigt auch ein Problem. Unser Verständnis von Wirtschaft und Arbeit klebt immer noch an der Vergangenheit. Aber diese Ära ist vorbei. Und zwar endgültig. Ein für alle Mal. Irreversibel.

Wirtschaft wandelt sich ebenso, wie die Welt, die Menschen und das Denken sich wandeln. **Und das bedeutet: Wirtschaft muss von jeder Generation neu erfunden werden.**

Deshalb stellen wir Fragen: Was erfordert Wirtschaft heute? Welche Überzeugungen der Vergangenheit müssen wir dringend ablegen, und welchen neuen Herausforderungen müssen wir uns stellen? Welche Rolle kann Wirtschaft in unserer Welt heute spielen? Und was wird dadurch freigesetzt?

Auf den folgenden Seiten finden Sie unser Manifest für Andersdenker. Mit unseren Thesen wollen wir Menschen, Unternehmen, die Wirtschaft zur Veränderung anstiften – und wir liefern mit unserem Buch gleich die Zündhölzer dazu.

Denn Wirtschaft ist Veränderung. Und ohne Veränderung ist Wirtschaft nichts.

Woran denken Sie zuerst, wenn Sie an Wirtschaft denken?

§1

Wirtschaft heißt Andersdenken

»Was darf's denn heute sein?«

»Bitte 100 Gramm *Benchmarking*, 150 Gramm *Best Practices* und noch ein Stückchen *Blaupause für den Erfolg von morgen* und eine Scheibe *Perfekter Chef*. Ach, und wenn Sie mir auch noch die *zehn Gebote für erfolgreiche Innovatoren* einpacken würden. Das können Sie alles in eine Tüte tun. Danke schön.«

Stopp! Patentrezepte in Erfolgsbibeln gepresst und als Schritt-für-Schritt-Anleitung zum Nachbauen vermarktet – das ist absoluter Blödsinn. Erfolg lässt sich nicht beim Berater um die Ecke einkaufen. Zukunftsweisende Ideen lassen sich nicht schön vorsortiert, exakt abgewogen und hübsch verpackt im Einkaufskorb mitnehmen. Auch wenn eine ganze Ratgeberindustrie gut davon lebt, das zu suggerieren.

Wider die geistige Schonhaltung

»Sapere aude! Habe Mut, dich deines eigenen Verstandes zu bedienen!« ist der Wahlspruch der Aufklärung – und der ist so aktuell wie je!

Wir kommen nicht umhin, unsere Denkfähigkeit zu aktivieren und sie auf die Welt loszulassen: traditionelle Überzeugungen hinterfragen, konventionelle Erfolgsmuster attackieren, intellektuelle Zwangsjacken abstreifen, Denkgrenzen sprengen, neue Einsichten aufspüren, Experimente wagen, Misserfolge analysieren und wieder von vorn beginnen – und das so lange, bis der Arzt kommt.

Das Hinterfragen, Prüfen, Widerlegen und Neudenken hört nie auf.

Andersdenken ist kein Luxus, sondern lebenswichtig. Es ist wilde, tiefe und manchmal auch sehr anstrengende Denkarbeit, die uns mit uns selbst bekannt macht. Die uns aus Denkroutinen aufweckt. Die uns permanent daran erinnert, worum es eigentlich geht: **Spuren zu hinterlassen und nicht nur Staub.**

§2

Andersdenken schafft Freiheitsgrade

Das Industriezeitalter mit seinen Strukturen, Hierarchien und Regeln war ein toller Platz für Routinedenker. In einem Umfeld mit vorgegebenen Leitplanken, Zuständigkeiten und Richtlinien folgt das Handeln vertrauten Mustern und bewährten Erfolgsrezepten. Das alles beherrschende Motto lautete: Weiter so wie bisher!

Dieses Erfolgsmodell hat seinen Zenit längst überschritten. Endgültig. Tempi passati.

Und das ist auch gut so!

Die Antwort auf eine immer komplexere und sich verändernde Welt lautet nicht: Struktur. Planung. Vorgaben. Kontrolle. Das gleicht dem Wunsch, die Flut mit einer Sandburg aufzuhalten. Netter Versuch, aber chancenlos.

Andersdenken stört die Routine – oder zerstört sie sogar

Deshalb streiten wir für ein neues Verständnis von Führung und Zusammenarbeit. Für das Aufbrechen verkrusteter Strukturen. Für Führungskräfte, die mit Mut und frischem Denken soziale Laboratorien schaffen, in denen mit neuen Formen des Zusammenarbeitens experimentiert wird.

Dazu braucht es Freiraum, Selbstbestimmung und ein anderes Verständnis von Menschenführung. Führung ist nicht das, was per Jobtitel verliehen wird, sondern hängt von der Akzeptanz der Geführten ab. Andersherum bedeutet es aber auch, dass Mitarbeiter ihre Rolle neu begreifen müssen.

Das erfordert offene Debatten ohne Denkverbote. Mut, die Strukturen zu verändern. Und Tatkraft, es umzusetzen. Und zwar ohne Netz und doppelten Boden. »Dem Gehenden schiebt sich der Weg unter die Füße«, hat Martin Walser gesagt. **Das Zulassen dieses Gedankens ist der erste Schritt zur Freiheit.**

§3 Freiheitsgrade ermöglichen Ideen

In einem Wettbewerb, bei dem Erfolg aus der Erforschung des Unbekannten und der Realisierung von Ideen entsteht, brauchen Unternehmen Mitarbeiter, die es wagen, kalkulierte Risiken einzugehen, Regeln klug zu brechen und neue aufzustellen. Solche Menschen sind per Definition keine angepassten Unternehmenssoldaten. Ganz im Gegenteil. Sie lassen sich in kein Schema pressen, denken kreativ und haben keine Angst davor, die Initiative zu ergreifen.

Wie bekommt man diese Andersdenker? Wie hält man sie?

Freiheit ist der Schlüssel!

Freiheit ist nicht gefährlich, sondern die Quelle menschlicher Kreativität

Erfolgreiche Führungskräfte wissen das. Sie geben ihren Mitarbeitern Raum zur Entfaltung. Und sie gewähren Freiräume für »ernsthaftes Spiel«. Große Ideen sind niemals das Ergebnis von permanentem Beschäftigtsein. Sie entstehen nicht durch Beschleunigung, sondern durch Entschleunigung. Gerade beim Loslassen tut sich oft Entscheidendes. Der Klassiker ist hier der Geistesblitz, der frühmorgens unter der Dusche kommt – und eben nicht Punkt neun am Schreibtisch.

Fließbänder funktionieren auf Knopfdruck, Kreativität tut es nicht. Man kann Menschen dressieren, sich dem Rhythmus von Fließbändern anzupassen. **Zur Kreativität abrichten lassen sich Menschen nicht.**

§4

Ideen bringen Vielfalt

An alle Plan-Fetischisten und Nachkommastellen-Hörigen: Das ökonomische Schicksal lässt sich nicht bis ins Letzte steuern! Wer nicht fortlaufend Neues probiert und eine Vielfalt an Ideen schafft, dem bleibt nur ein sehr enger Möglichkeitsspielraum. Das geht eine Zeit lang gut, denn Begrenzung sorgt zunächst für Übersicht. Mit der Zeit wird aber aus der Begrenzung Begrenztheit. Und aus der Begrenztheit wird Einfalt.

Also: Erstens, die Vielfalt der Möglichkeiten erschließen! Zweitens, den Möglichkeitsspielraum nach geeigneten Entwürfen durchsuchen und nur das, was tauglich ist, weiterverfolgen! Das ist übrigens auch das Grundprinzip der Evolution: Variation und Selektion.

Uniformität führt zu Konformismus und intellektueller Verstopfung

In anderen Worten: Wir müssen experimentieren, experimentieren und nochmals experimentieren. Diese Herangehensweise ist Fluch und Segen zugleich. Fluch, weil ausnahmslos alle, die offen experimentieren, dabei auch Rückschläge und Niederlagen erleiden. Segen, weil wir neue Ufer nur dann erreichen, wenn wir zu ihnen aufbrechen, also spannende Dinge ausprobieren. **Wir müssen lernen, damit umzugehen, dass wir nicht mehr auf Königswegen wandeln, sondern bestenfalls noch Trampelpfaden folgen können.**

§5

Vielfalt bedeutet Unordnung

Andersdenker weigern sich, weiter am Spiel der Gleichmacherei teilzunehmen. Klingt toll, entpuppt sich für Organisationen aber als unbequeme Denkweise, weil sofort Unordnung und immer auch Kontrollverlust ins Spiel kommen. Davor schrecken alle Denkbürokraten zurück.

Fakt ist: Man kann eine Organisation mit einem hohen Standardisierungsgrad haben, die sich zentral steuern und kontrollieren lässt. Oder man kann eine sehr anpassungsfähige Organisation mit hohen Autonomiegraden haben. Aber nicht beides gleichzeitig.

In diesem Sinn ist der Wunsch nach Vereinheitlichung der größte Feind der Weiterentwicklung.

Die wichtigste Funktion der neuen Wirtschaft: Verschiedenartigkeit und Vielfalt

Neues gedeiht nicht in Monokulturen. Vereinheitlichung schafft keine neuen Perspektiven. Verschiedenartigkeit und Vielfalt sind keine Irrläufer der Evolution, sondern deren Bausteine. Vielfalt bedeutet: Viele Optionen schaffen, um für möglichst viele Probleme eine Lösung parat zu haben.

Dafür gibt es heute Prozesse, die auf hierarchiefreie Zusammenarbeit und die Aufhebung starrer Strukturen setzen: Vernetztes und ortsunabhängiges Arbeiten. Entwickeln von Lösungen im Rahmen von Projektstrukturen, bei denen räumliche und zeitliche Grenzen immer mehr verschwimmen. Kollaboration mit speziell dafür gedachten Werkzeugen. Dezentralisierte Entscheidungsprozesse. Aber Vorsicht, dieser Prozess zerstört die alte Ordnung! **Denn die Musik spielt nicht unbedingt im Chefzimmer.**

§6

Unordnung ist die Bedingung für Ordnung

Ohne Ordnung kann nichts existieren. Ohne Unordnung kann nichts entstehen.

Das hat sich noch nicht flächendeckend herumgesprochen. Dort, wo Planbarkeit und Sicherheit immer noch die kanonischen Werte des Managements sind, hält sich hartnäckig die Auffassung, dass mehr Ordnung einfach besser sei. Im Industriezeitalter, als die Maschinen den Takt angaben, hat das sehr gut funktioniert. Aber das ist vorbei. Im Wissenszeitalter werden die Karten neu gemischt.

Mehr Ideen durch Unordnung

Höchste Zeit also, mit diesem Konzept zu brechen. Ein anderes Denken ist heute gefragt: Kreativität entsteht dort, wo Dinge vermischt werden, die eigentlich nicht zusammengehören. Wenn man Unordnung in ein System bringt, können neue Kombinationen entstehen.

Dazu braucht es Menschen, die sich nicht auf eine scheinsichere Ordnung verlassen, sondern handeln, ausprobieren, experimentieren. Sie erkennen weit mehr Varianten, Neuerungen und Muster als die ordentlichen Plandenker. Eine ideale Haltung für unsere Zeit, in der die einzige Konstante die Veränderung ist.

Wer Ordnung will und alles bis ins kleinste Detail zu planen versucht, bleibt auf der Strecke. Wer weiterkommen will, muss Unordnung nicht nur tolerieren, sondern geradezu umarmen. Friedrich Nietzsche hatte recht: **»Man muss noch Chaos in sich haben, um einen tanzenden Stern gebären zu können.«**

§

Ordnung ist nur das halbe Leben

Wenn Ordnung das halbe Leben ist, dann stellt sich die Frage: Was ist eigentlich die andere Hälfte?

Sie ist das, was wir daraus machen!

Dafür gibt es weder eine Gebrauchsanweisung, noch gibt es darauf eine allgemeingültige Antwort. Alles, was wir tun können, ist, uns selbst Fragen zu stellen. Fragen wie: Was will ich eigentlich? Wie möchte ich leben? Wie arbeiten? Und größer gedacht: Was ist es, was ich der Welt hinterlassen möchte?

Das Blöde ist, dass uns niemand dabei helfen kann, die für uns richtigen Antworten auf diese Fragen zu finden. Kein Chef, kein Ratgeber-Onkel, keine höhere Macht kann uns das abnehmen. Es ist eine herausfordernde Übung, die wir selbst absolvieren müssen.

Und es ist Arbeit, die Energie braucht, weil wir unsere inneren Grenzen überschreiten. Nur auf diese Weise sammeln wir Erfahrungen: Das war genial! Das war super! Und: Autsch! Da habe ich mir eine blutige Nase geholt.

Die eigene Identität ist das, was man nicht bei anderen findet. Warum also dort suchen?

Das Hinterfragen, Überprüfen und Nachdenken über uns selbst sollte nie aufhören! Der Treibstoff für die Suche ist die ungezügelte Denklust, die uns mit uns selbst bekannt macht. Und die uns daran erinnert, worum es im Leben eigentlich geht: **Zu sein, wer wir sind, und zu werden, wozu wir fähig sind.**

§8

Leben integriert Wirtschaft

Die Wirtschaft, das sind nicht die anderen. Die Wirtschaft, das sind wir!

Wir alle verbringen große Teile unseres Alltags mit wirtschaftlichen Handlungen. Als Konsumenten, als Mitarbeiter, als Aktionäre oder als Wähler, die die Rahmenbedingungen der Wirtschaft per Wahlzettel mitbestimmen.

Wir haben die Wahl: Sind wir Stimmvieh, Statisten, Nummer auf einer Gehaltsabrechnung, Postenbesitzer, Rädchen im großen Getriebe – oder verantwortungsvolle Gestalter, Nutzer unserer Talente, mutige Macher, selbstbestimmte Individuen?

Ziehen wir uns darauf zurück, dass bessere Produkte, bessere Unternehmen und bessere Arbeitsbedingungen der Job von »denen da oben« sind – oder kümmern wir uns selbst darum, dass die Dinge besser werden?

Unsere Haltung macht den Unterschied! Und unsere Haltung ist eine Entscheidung. Sonst nichts.

Quer durch alle Branchen gibt es viele Menschen, die sich ihre Eigenmacht bereitwillig aus den Händen nehmen lassen. Dadurch werden die längst überfälligen Veränderungen ausgebremst und Chancen aus Bequemlichkeit und Feigheit vor der Selbstverantwortung unwiderruflich vergeben.

Wir selbst müssen die Veränderung sein, die wir in der Welt sehen wollen

Aber gleichzeitig ist es völlig normal, dass die Zahl der Gestalter in der Minderheit ist. Es sind immer nur wenige, die Dinge vorantreiben. Wenn aber auch nur jeder Fünfte diese Haltung hätte, dann würde das genügen, um unsere Organisationen radikal zu erneuern und die Wirtschaft zu verändern. Zwanzig Prozent! Unsere Frage ist: Wie schaffen wir es, dass zumindest jeder Fünfte begreift, dass wir keine Opfer der Umstände sind, sondern Gestalter sein können?

Selbstermächtigung oder Ohnmacht.

Wir haben die Wahl!

§9

Wirtschaft heißt Andersdenken

Es mag beruhigend sein, sich an dem zu orientieren, was andere tun. So zu denken, wie es der Mainstream tut. Immer der Herde nach! Määh!

Aber es hat Nebenwirkungen. Gleich zu sein heißt vor allen Dingen auch: Du bist jederzeit austauschbar. Austauschbarkeit ist heute die Todesursache Nummer eins für Unternehmen.

Wer austauschbar ist, wird ausgetauscht werden.

Es gibt schon genug Schafe, die der Herde folgen

Erfolg entsteht durch Einzigartigkeit. Und um Einzigartiges anzustoßen, ist nicht allein der große Schritt nach vorn gefragt, sondern auch der zur Seite. Und zwar weg von den ausgetretenen Pfaden, hinein in das Unwägbare, wo es wieder spannend wird und wo Mut und Kreativität gefragt sind.

Wirtschaft heißt Andersdenken. Und Andersdenken ist kein einmaliges Projekt. Es gibt keinen Anfang und kein Ende. Es ist eine Kultur, eine Haltung, ein grundlegender und allumfassender Wunsch, die Art zu verbessern, wie wir unsere Produkte, unser Geschäft und uns selbst weiterentwickeln. Diese Grundeinstellung muss als Primat über allen Handlungen liegen. Denn nur was sich entwickelt und verändert, ist lebendig. **Was sich nicht verändert, ist vielleicht ganz okay. Aber: Ganz okay ist klinisch tot.**

»Wer etwas
muss auf

anzünden will,
die richtigen
Leute setzen.«

»Gerade die Kombination des
schwerelosen Denkens mit
der Erfahrung der Etablierten
birgt die wahre Sprengkraft
für die Fesseln des Gestern.«

Warum Quereinsteiger oft die besten Ideen haben

Bertrand Piccard hat im Jahr 2016 zusammen mit André Borschberg die Welt umrundet. Gut, das ist heute nichts Besonderes mehr. Aber die beiden haben sie in mehreren Etappen in einem Flugzeug umrundet. Hm, okay, auch das ist nichts Außergewöhnliches. Aber: Sie verbrauchten dabei keinen einzigen Tropfen Kerosin! Ihr Flugzeug, die *Solar Impulse*, besitzt vier Elektromotoren, die alleine aus den Solarzellen auf den Tragflächen gespeist werden. Das ist revolutionär!

»Was wir wissen, begrenzt das, was wir uns vorstellen können.«

Bertrand Piccard ist ein sehr charismatischer und energiegeladener Typ. Er stammt aus einer Schweizer Abenteurer- und Entdeckerfamilie und macht dieser Familientradition alle Ehre: Ständig lotet er die Grenzen des Machbaren aus und probiert Neues, Bahnbrechendes. Wir hatten die große Freude, mit ihm auf mehreren Vortragsveranstaltungen aufzutreten und mit ihm hinter der Bühne zu plaudern. Diese Begegnungen haben uns sehr beeindruckt, denn er sagte dabei etwas, das in uns nachglühte: **»Ich komme nicht aus der Luftfahrtbranche. Mein Partner André Borschberg hat nie ein Flugzeug gebaut. Aber gemeinsam entwickeln wir das innovativste Flugzeug der Welt.«**

Trotzdem. Oder: gerade deshalb!

Unmöglich!

Interessanterweise ist Piccard in der Frühphase des Projekts an mehrere etablierte Flugzeugbauer herangetreten. Doch alle winkten ab: »Unmöglich!«.

Dieses Schema gibt es nur allzu häufig: Echte Durchbruchinnovationen werden selten von denen gemacht, die die besten Chancen und Möglichkeiten dazu hätten, weil sie viel Erfahrung und Know-how haben. Sondern häufig von den Außenseitern, die ihre Wurzeln in ganz anderen Branchen haben – die aber gerade deswegen die Dinge mit anderen Augen sehen und ganz anders vorgehen.

Darum stimmen wir mit Bertrand Piccard völlig überein: **»Wenn du Innovation willst, musst du aus dem System heraustreten!«**

Warum ist das so? Die Krux liegt im Horizont unseres Denkens. Anders gesagt: Was wir wissen, begrenzt das, was wir uns vorstellen können.

Goethe sagte: »Man sieht nur, was man weiß.« Das ist die abschwächende Wirkung unserer Erfahrung: Je besser wir Bescheid wissen über unsere Branche, unsere Produkte, unsere Kunden, desto schwerer fällt es uns, unsere Überzeugungen zu hinterfragen. Das heißt nichts anderes, als dass genau die mühsam erarbeiteten Best Practices, die in der Vergangenheit unseren Erfolg gebracht haben, die Saat des Misserfolgs in sich tragen. So ist zu verstehen, was der französische Philosoph Paul Valéry sagte: **»Was dir am besten gelingt, wird dir unweigerlich zur Falle.«**

Denken ohne Schwerkraft

Aber es gibt eine Lösung für dieses Problem: **Holen Sie sich »Zero Gravity Thinker« ins Unternehmen!** Denker ohne Schwerkraft, Menschen wie Bertrand Piccard, die vollkommen unbeschwert und unbelastet davon sind, »wie man die Dinge hier eben macht«, »wie die Branche so tickt«, »was Kunden von uns erwarten« oder »was wir schon seit 1764 so machen und worüber sich noch nie jemand beschwert hat!«.

Der geniale Begriff des »Zero Gravity Thinker« stammt von Cynthia Barton Rabe, der Autorin des Buchs *The Innovation Killer*. Sie beschreibt einen Typus Mensch, den man sehr wohl in Unternehmen findet – aber leider viel zu selten in den klassischen Funktionen oder auf den üblichen Karrierepfaden. Es sind oft Quereinsteiger wie Anthropologen, Ethnografen, Designer, Theaterwissenschaftler oder Leute mit einem nicht stromlinienförmigen Background. Sie schließen sich einem Projekt oder Team an und tragen dort ihre Ideen, Perspektiven, Thesen und Standpunkte bei, um sogleich weiterzuziehen und das nächste Team oder Projekt zu befruchten.

Sie wollen nirgends festwachsen, und das ist auch gut so, denn sonst würden sie ihr frisches, unbelastetes Denken verlieren, und aus dem Outsider würde ein Insider werden, ohne die nötige Distanz zur spezifischen Branchenexpertise, den Best Practices und dem Tagesgeschäft.

Gerade die Kombination des schwerelosen Denkens mit der Erfahrung der Etablierten birgt die wahre Sprengkraft für die Fesseln des Gestern. Wer regelmäßig Outsider temporär hereinholt, läuft nicht Gefahr, dass Erfolg zur Falle wird, sondern kann immer wieder neu säen und ernten.

Das ist unser Vorschlag für Sie: In großen Unternehmen können Sie solche »Zero Gravity Thinker« beschäftigen und als interne Befruchter von Projekten und Teams umherschweifen lassen. Sie können sie aber auch draußen in der Freiheit lassen und einfach projektweise hinzuziehen. Oder Sie machen es wie wir: **Vereinbaren Sie regelmäßig Termine mit ihnen, um sich gegenseitig eine »Sparring-Session« zu liefern.** Wir schwören darauf!

»Die Erfahrung ist wie eine Laterne im Rücken; sie beleuchtet stets nur das Stück Weg, das wir bereits hinter uns haben.«

Konfuzius

Das Erfolgsrezept von Mark Zuckerberg

»Wenn es um Leute geht, die direkt für mich arbeiten, stelle ich nur die ein, für die ich auch selbst arbeiten würde.«

Mark Zuckerberg
Facebook-Gründer

Facebook-Gründer Mark Zuckerberg hat in seinem Leben schon viele Leute eingestellt. Offensichtlich hat er dafür ein Händchen, denn die Führung von Facebook schafft es allen Unkenrufen zum Trotz, das Unternehmen stetig auf Erfolgskurs zu halten. Bislang jedenfalls.

Wie wichtig dafür Personalentscheidungen sind, das weiß jeder zur Genüge, der in einem Unternehmen Führungsverantwortung trägt. Gerade wenn die Zeit drängt, sollte sich ein Chef niemals zu zweitklassigen Einstellungen hinreißen lassen, empfiehlt Zuckerberg: »Langfristig wirst du dich nur weiterentwickeln, wenn du wirklich gute Leute einstellst.«

So weit, so gut, das ist einleuchtend. Die Frage ist nur: **Wie treffen Sie eine erstklassige Personalentscheidung?** Hat Mark Zuckerberg ein Recruiting-Erfolgsrezept? Hat er tatsächlich. Laut seinen Angaben gibt es ein ganz bestimmtes Prinzip, das ihn, wie er sagt, bislang noch nie enttäuscht habe. Es lautet: **»Wenn es um Leute geht, die direkt für mich arbeiten, stelle ich nur die ein, für die ich auch selbst arbeiten würde.«**

Sheryl Sandberg ist so ein Beispiel. Sie wurde von Zuckerberg als Geschäftsführerin eingestellt. Das ist einer der wichtigsten Posten, den er zu vergeben hatte. Für Sandberg wäre er – in einer anderen Welt – auf jeden Fall bereit zu arbeiten, sagt er. Statt Mentoren außerhalb der Firma zu suchen, sollen die einflussreichsten Menschen in seinem Leben seine Kollegen sein. Also die Menschen, mit denen er Tag für Tag zu tun hat. Sheryl Sandberg steht da ganz oben auf seiner Liste.

Es ist unsere Entscheidung, wer uns umgibt

Wir finden diesen Ansatz großartig. Er erinnert uns an unsere Zeit als Berater bei zwei der größten amerikanischen Unternehmensberatungen. Damals haben wir immer wieder einen Satz gehört, der so ähnlich lautete wie: **»Denk dran: Du wirst in dem Maße erfolgreich sein, wie du willens bist, dich mit Leuten zu umgeben, die besser sind als du selbst!«**

Stelle ich jemanden ein, für den ich auch bereit wäre zu arbeiten, dann ist das jemand auf Augenhöhe, ein Sparringspartner, jemand, mit dem ich wachsen und mich entwickeln kann.

Im Geschäfts- wie im Privatleben gilt: **Wir werden so wie die Leute, mit denen wir uns Tag für Tag umgeben.** Umgeben wir uns mit inspirierenden, herausfordernden und spannenden Menschen, färbt das auf uns ab. Umgeben wir uns mit Dumpfbacken, die intellektuelle Genügsamkeit als Tugend betrachten, werden wir selbst so. Wir haben es in der Hand – und wir sollten darum sehr wählerisch sein.

Das gilt übrigens auch für Ihre Kunden, die Sie sich aussuchen. Und ja: Natürlich suchen SIE sich Ihre Kunden aus. IMMER. Überlegen Sie mal kritisch: Welche Kunden haben Sie? Diejenigen mit den durchschnittlichen Erwartungen, die leicht zu befriedigen sind, für die es nur Routine braucht, gut und flott verdientes Geld? ODER diejenigen, die Sie herausfordern, die Sie persönlich, künstlerisch oder handwerklich weiterbringen, die Sie wachsen lassen?

Wir haben immer die Wahl, den einfachen oder herausfordernden Weg zu gehen. IMMER!

Der herausfordernde Weg ist anspruchsvoller, aber auch schöner, und er trägt Sie weiter! Er bedeutet, dass wir uns mit inspirierenden Kollegen, Kunden, Partnern, Freunden umgeben – und an und mit ihnen wachsen.

Wir haben daher ein paar Fragen an Sie:

Bitte schauen Sie sich Ihre Mitarbeiter und Kollegen an. Für wen von ihnen würden Sie selbst arbeiten wollen? Es sind gleich mehrere? Prima! Oder ist da niemand? Dann sollten Sie Ihre Mitarbeiter entwickeln oder neue einstellen.

Sind Sie selbst einer der Menschen, von denen Ihr Chef sagen könnte, dass er gerne für Sie arbeiten würde? Glückwunsch! Ist das nicht der Fall? Dann ist es allerhöchste Zeit für einen selbstkritischen Blick in den Spiegel. Nicht angenehm, aber wichtig.

So vermeiden Sie intellektuelle Verstopfung

Sie haben ein Problem zu lösen, wollen etwas machen, was ungewöhnlich und clever ist – wer von uns hätte da nicht gerne die Besten und Intelligentesten in seinem Team? Aber wissen Sie was? Egal wie intelligent die einzelnen Teammitglieder auch sind: Wenn Sie eine homogene Truppe haben, werden Sie nicht viel reißen können. **Uniformität führt häufig zu intellektueller Verstopfung.**

Viel besser als mit unglaublich klugen Teammitgliedern fahren Sie mit Menschen, die schlicht und ergreifend ANDERS sind.

Wenn Diversität schon da ist, nutzen Sie sie. Und wenn sie noch nicht da ist, schaffen Sie sie. Das heißt: Arbeiten Sie nicht mit möglichst homogenen Teams aus lauter hoch qualifizierten Leuten mit nahezu perfektem Lebenslauf, die sich höchstens durch die Haarfarbe und das Brillengestell voneinander unterscheiden. Tun Sie stattdessen Folgendes: **Würfeln Sie Teams aus den unterschiedlichsten Leuten zusammen, gemischtgeschlechtlich, aus verschiedensten Altersstufen, mit buntem Erfahrungshintergrund und Fähigkeitenprofil.**

Und zwar nicht deshalb, weil das gerade zum Zeitgeist passt und sich irgendwie supersozial anhört. Sondern weil bunte Teams einfach besser sind!

Der Sozialwissenschaftler Scott Page von der Princeton University hat mit einer Studie herausgefunden, dass Diversität Begabung schlägt: Ein Team mit vielen »Anderen« entwickelt viele sehr unterschiedliche Lösungsansätze, die sich teilweise ergänzen, sich aber auch teilweise widersprechen – und in einem konstruktiven Wettbewerb gegeneinander antreten.

»Der Sozialwissenschaftler Scott Page von der Princeton University hat mit einer Studie herausgefunden, dass Diversität Begabung schlägt.«

In einem homogenen Team aus lauter »Besten« dagegen denken die Teammitglieder untereinander ähnlich und können sich darum nicht gegenseitig herausfordern. Das Ergebnis: Das Team der »Anderen« liefert schneller, es produziert mehr und originellere Lösungsansätze und kann die Probleme besser lösen (nachzulesen im Buch von Scott Page: *Difference – How the Power of Diversity Creates Better Groups, Firms, Schools and Societies*).

Anders ist besser

Sie wollen die Kraft der Diversität nutzen? Zwei Tipps für Sie:

Erstens: **Achten Sie bei Neueinstellungen oder beim Zusammenstellen von Teams darauf, dass die Menschen nicht dem genormten Einheitsbild entsprechen.** Von einem Unternehmen, in dem die Mitarbeiter einen ähnlichen sozialen Hintergrund, ein ähnliches Denken und eine ähnliche Kleidungspräferenz in den Farbschattierungen Mausgrau, Steingrau, Fahlgrau und Aschgrau haben, dürfen Sie nicht viel Innovatives erwarten. Entspricht die Mehrheit der Unisex-Einheitsstruktur, ist die Gefahr groß, dass vorwiegend Argumente diskutiert werden, die den Konsens stützen. Das ist die Geburtsstunde der Schafherde – auch wenn das in so manchem Unternehmen als »Teamgeist« gepriesen wird. Nehmen Sie lieber die Leute mit Ecken und Kanten! Die mit den interessanten Lebensläufen. Mit den spannenden Backgrounds. Aber bitte: Keine Quoten mit Alibifunktion, sondern echte Diversität!

Zweitens: **Wenn Sie etwas machen wollen, was Sie in der Wahrnehmung Ihrer Kunden alles außer gewöhnlich werden lässt, dann nutzen Sie die Idee der Diversität, indem Sie ganz bewusst über den Tellerrand der eigenen Branche schauen.** Machen Sie es wie der Autohersteller BMW, dessen Steuerungssystem »iDrive« auf der bewährten Joystick-Technologie aus der Computerspiel-Branche basiert. Oder wie der Skihersteller, der sich bei Geigenbauern nach geeigneten Beschichtungen für die Kontrolle von Schwingungen im hochfrequenten Bereich erkundigte.

Eine Vielzahl unterschiedlicher Lebenserfahrungen und gegensätzlicher Perspektiven erzeugt immer eine kreative Spannung, die zu interessanteren Ideen führt und intellektuelle Verstopfung vermeidet.

»Ich glaube, dass man Talente eher unter den Nonkonformisten, Einzelgängern und Rebellen findet als sonst wo.«

David Ogilvy
britischer Werbetexter

»Wer beim Bewerbungsprozess nach Schema F vorgeht oder diejenigen nimmt, die im Assessment-Center am meisten Punkte abgehakt haben, der findet die Leute, die am besten angepasst sind.«

Die besten Talente fallen aus dem Rahmen

Vor geschätzten 200 Jahren bewarb sich Thomas Gottschalk beim Bayerischen Rundfunk. Im Rahmen des Einstellungsprozesses bekam er einen Fragebogen zugeschickt, auf dem er seinen Musikgeschmack ankreuzen sollte. Was dann geschah, macht uns Thomas Gottschalk sehr sympathisch:

Er kreuzte gar nichts an! Schrieb aber zurück: **»Man hört eurem Programm an, dass ihr die, die es machen, per Fragebogen gefunden habt.«**

Ha! Das ist frech. Und doch so wahr: Wie soll jemals etwas Kreatives, Innovatives, Außergewöhnliches entstehen, wenn Menschen nach vorgefertigtem Raster und Muster ausgewählt werden?

Wenn die Märkte vor lauter Überangebot quietschen, wenn die Wechselhürden so gering sind wie heute, wo die Konkurrenz nur einen Klick entfernt ist, wenn es für den Kunden gefühlt nichts mehr gibt, das es nicht gibt … dann braucht es neue Ideen, Variation, Vielfalt und Andersartigkeit.

Woher kommen Ideen? Aus kreativen und unangepassten Köpfen! Wo sitzen diese Köpfe? Eben nicht auf den Hälsen von Menschen, die alle Konventionen sorgfältig beachten und deren einziger Leistungsanspruch das kluge Anpassen ist.

»Wer seit seiner Geburt ein normales Leben geführt hat, und sei es mit Brillanz, lässt nicht erwarten, dass er morgen seltsame, coole und abgefahrene Dinge tun wird. Einmal Malen nach Zahlen, immer Malen nach Zahlen.«

Tom Peters

Seit wann ist Konformität ein Zeichen für Kreativität?

Wer beim Bewerbungsprozess nach Schema F vorgeht und Menschen per Fragebogen auswählt oder diejenigen nimmt, die im Assessment-Center am meisten Punkte abgehakt und gesammelt haben, der findet die Leute, die am besten angepasst sind.

Wer hingegen Menschen mit hohem Engagement sucht, die interessante neue Lösungen vorschlagen, die Horizonte erschließen, die anders denken und Wege finden, wo andere nur Grenzen sehen, der sollte eines tun: DIE EINSTELLUNGSKRITERIEN ÄNDERN!

Drei Ideen dafür hätten wir schon mal:

Lebenslauf: Engagieren Sie niemals eine Person, die einen Lebenslauf ohne Lücken und Brüche hat! Denn wer seit seiner Geburt ein »normales«, risikoloses Leben geführt hat, wird jetzt nicht anfangen, coole, abgefahrene Sachen auf die Beine zu stellen.

Noten: Vorsicht vor den Einser-Schülern! Wer ein Eins-Komma-null-Abitur geschafft hat, kann vor allem eins sehr gut: Schule. Also nach den Regeln spielen, sich sozialen Schlüsselreizen anpassen und die Standardantworten wiedergeben, die die Lehrer von ihm hören wollen. Intelligente Menschen wie Steve Jobs oder Richard Branson waren miese Schüler und hätten darum bei den wenigsten Unternehmen einen Job bekommen.

Berufserfahrung: Hören Sie auf, einen Bogen um die Quereinsteiger zu machen! Die meisten Unternehmen filtern Bewerber so aus, dass die übrig bleiben, die das exakt gleiche Tätigkeitsfeld wie das geforderte bisher auch schon beackert haben. »Branchenerfahrung« heißt das dann. Diese Leute sind bewährt, sie können sehr schnell genau das machen, was alle machen. Und sie denken mit großer Wahrscheinlichkeit so, wie alle denken. Herzlichen Glückwunsch!

Wenn Sie Gestalter suchen, sollten Sie keine Erfüller einstellen!

Machen Sie Neueinsteigern ein unverschämt kluges Angebot

»Sie schulden sich selbst eine Arbeit, die Sie fesselt. Das Leben ist kurz. Kündigen Sie!«

escapethecity.org
Jobbörse für Aussteiger

»Wenn Sie kündigen, erhalten Sie 2000 Franken. Jetzt sofort. Ohne Weiteres. Wollen Sie gehen oder bleiben?«

»Äh …«

Diese Frage würde vermutlich auch Sie verblüffen, wenn Sie gerade die Probezeit bestanden hätten. Ist das jetzt eine Unverschämtheit? Wollen die Sie loswerden? Oder ist das bei näherem Hinsehen ein erstaunlich cleveres Angebot?

Die Schweizer Getränkekette Drinks of the World macht genau das: Neuen Mitarbeitern offeriert das Unternehmen einen Bonus, wenn diese gleich wieder gehen. Wer die Probezeit bestanden hat, erhält bei einem zweiten Anstellungsgespräch ein entsprechendes Angebot, sagt Firmenchef Stefan Müller: »Wenn der Mitarbeiter bleibt, muss er auf die Abgangsentschädigung verzichten.«

Und genau darum geht es: Das Unternehmen ist **auf der Suche nach Loyalität. Nach echter Loyalität.** Bleiben sollen nur die Mitarbeiter, die bereit sind, auf einen vierstelligen Betrag zu verzichten, um weiterarbeiten zu dürfen.

Wir finden das schlau. Natürlich bringt sich das Unternehmen mit dieser Aktion auch ins Gespräch. Nicht nur bei potenziellen Bewerbern, sondern auch in der Presse – und in unser Buch haben sie es ebenfalls geschafft. Aber abgesehen davon steckt noch mehr dahinter. Zwei Aspekte haben uns an dieser Idee fasziniert:

Erstens: Drinks of the World pickt sich auf diese Weise die Mitarbeiter heraus, die sich bewusst für das Unternehmen entscheiden. Und sortiert diejenigen aus, die sich beworben haben, weil sie halt irgendeinen Job gesucht haben. 2000 Franken abzulehnen – das ist eine sehr bewusste Entscheidung, die jede Mitarbeiterin und jeder Mitarbeiter zum Ende der Probezeit für sich treffen muss. Eine griffige Methode, um die Bloß-irgendein-Job-Typen ohne Stress loszuwerden.

Zweitens: Die Abgangsentschädigung macht eines deutlich: Mitarbeiterbindung gibt es nicht! Und das ist auch gut so. Denn »binden« bedeutet »fesseln«. Stattdessen möchte Drinks of the World ausdrückliche Freiwilligkeit. Keine Zehn-Jahre-Zugehörigkeit-Belobigungs-Kugelschreiber, keine Du-bist-uns-so-wertvoll-von-der-Lehre-bis-zur-Rente-Rhetorik. Dafür lieber Freiheit, Ehrlichkeit und Entschiedenheit.

Simple Logik

Menschen sind frei. Und Mitarbeiter sind Menschen. Nach einfacher Dreisatzlogik sind darum Mitarbeiter frei. Und nur wenn Sie Ihren Mitarbeitern die Freiheit lassen, bleiben sie freiwillig bei Ihnen! Vielleicht. Und wenn nicht, dann gehen sie. Und das ist besser, als wenn sie aus den falschen Gründen bleiben würden.

Oder wollen Sie lieber mit den Übriggebliebenen arbeiten? Mit denen, die woanders nicht unterkommen, weil sie sonst niemand will?

Mit anderen Worten: **Die besten Mitarbeiter sind die, die bleiben, weil sie wollen – aber nicht müssen.** Finden Sie also heraus, welche das sind!

Zum Beispiel, indem Sie alle anderen fürs Kündigen belohnen.

Besser die Besten nur für kurze Zeit als die Mittelmäßigen für immer

Unter Personalern ist ein Thema Normalität geworden, das so irrig ist, wie ein Irrweg nur sein kann: Mitarbeiterbindung. Da werden beispielsweise Mitarbeitern mit Geld oder Unternehmensbeteiligungen »goldene Fesseln« angelegt, damit diese flatterhaften Wesen, in die man so viel investiert hat, entgegen ihrem unsteten Wesen möglichst lange in der Firma »gehalten« werden. Da werden Feelgood-Manager beauftragt, das Arbeitsumfeld so kuschelig zu machen, dass die Mitarbeiter an der honigsüßen Nettigkeit des Arbeitgebers quasi kleben bleiben. Da werden in goldenem Licht Vorbildunternehmen präsentiert, deren Fluktuationsrate gegen null tendiert.

Wir finden das pervers. Menschen sind nun mal Freiheitswesen. Daran ändern auch Fesseln nichts. Wir können jeden Mitarbeiter verstehen, der sich neue Ziele im Leben setzt und deshalb gehen will. Wer anderswo bessere Chancen für sich sieht, sollte weiterziehen. Außerdem glauben wir nicht daran, dass etwas gewonnen ist, wenn jemand bleibt, der sich eigentlich trennen will.

Hinzu kommt: Dynamische Unternehmen brauchen den steten Zufluss von frischem Blut und sind eben nicht auf minimale Fluktuationsraten stolz.

Magnete statt Fesseln

Starke Führungskräfte, die Toptalente einstellen, akzeptieren die implizite Tatsache, dass diese sich so stark weiterentwickeln, dass sie zwangsläufig in absehbarer Zeit eine neue Herausforderung suchen – naturgemäß in vielen Fällen in einem neuen Unternehmen. Menschen wollen frei sein. Wenn die Geschichte uns eines lehrt, dann das: Mauern zu bauen hat noch nie dauerhaft funktioniert.

Das Ziel der besten Unternehmen ist nicht, gute Leute festzuhalten. Sie wollen zum Magneten für Talente werden und eine Kraft ausstrahlen, die immer wieder neue gute Mitarbeiter anzieht. Magnete sind wirkungsvoller als Fesseln!

Kein Feelgood-Manager, keine Sozialstation

Die erfolgreichsten Unternehmen sind oben in der Führungsetage personell stabil. Die Chefs sind konstant da. Aber darunter kommen und gehen die Mitarbeiter, während ihr jeweils aktuelles Niveau überdurchschnittlich ist. Was dazu führt, dass die Ergebnisse für die Kunden überdurchschnittlich sind.

Natürlich empfehlen wir nicht, sich zu freuen, wenn ein guter Mitarbeiter kündigt. Aber es ist besser, die besten Leute nur für kurze Zeit in der Firma zu haben, als die mittelmäßigen für immer!

Mitarbeiterwechsel steigern die Reputation

Führungskräfte in einem dynamischen Unternehmensumfeld wissen, dass es kein Weltuntergang ist, wenn gute Mitarbeiter gehen. Denn das hat auch positive Auswirkungen. Nach innen: Die Plätze werden frei und bieten Chancen für ambitionierte Nachwuchsleute im eigenen Haus. Nach außen: Das Unternehmen baut sich eine gute Reputation auf. Die Topleute, die weiterziehen, reden anerkennend über ihre alte Firma, und vielen Interessenten wird klar: Wenn du dich weiterentwickeln willst, ist das genau der Ort, wo du hinmusst.

»Besser die Besten
nur für kurze Zeit als
die Mittelmäßigen
für immer.«

»Wer etwas

muss

04 WER ZÄUNE UM MENSCHEN BAUT, BEKOMMT SCHAFE

anzünden will,
anders führen.«

Rothirsche im Unternehmen – und Grenzen im Kopf

Auch die Rothirsche wurden einst durch den Eisernen Vorhang getrennt: Der Stacheldrahtzaun separierte die Population im Böhmerwald in Ost- und West-Hirsche. Natürlich wussten die Tiere nichts davon, und mittlerweile ist die Grenze ja auch schon seit Langem Geschichte.

Doch Forscher fanden Erstaunliches heraus: Sie beobachteten die Wanderrouten der Rothirsche im Böhmerwald mithilfe von Funkhalsbändern über sechs Jahre hinweg. Die »West-Hirsche« wanderten exakt bis zu einer bestimmten imaginären Grenze, nämlich genau jener Linie, an der früher der Stacheldraht die Grenze des Ostblocks markierte. Und die »Ost-Hirsche« taten das Gleiche, nur von der anderen Seite her. Keines der Tiere übertrat die heute unsichtbare Linie, die exakt mit dem Grenzverlauf übereinstimmt! Die Hirsche haben offenbar das Ende des Kalten Krieges noch nicht mitbekommen …

Spannend! **Als wir das lasen, erinnerte uns das Verhalten der Rothirsche an das Verhalten von Führungskräften in Bezug auf das Thema Arbeitszeiten und Homeoffice.**

Doch wirklich: Obwohl wir im 21. Jahrhundert leben und die Menschen sowohl technisch als auch kulturell selbstverständlich in der Lage sind, zeitlich und räumlich flexibel zu arbeiten, glauben die meisten Führungskräfte noch immer an die gute alte Präsenzkultur. Zwar wird das Homeoffice von vielen Unternehmen als eine Art notwendiges Übel toleriert – aber noch lange nicht als selbstverständlich respektiert.

Bestätigt wird das unter anderem von Daniel Cable, der Professor für Organisationsmanagement an der London Business School

»Den Abstand zwischen
Brett und Kopf nennt
man geistigen Horizont.«

ist. Er hat in gründlichen Untersuchungen festgestellt, dass es für Mitarbeiter in Unternehmen ein echter Karrierekiller ist, wenn sie viel von zu Hause aus arbeiten. Angestellte, die täglich im Büro präsent sind, werden signifikant öfter befördert. Und das nicht, weil ihre Leistungen objektiv besser wären. Sondern deshalb, weil die Führungskräfte die Leistungen der Homeoffice-Mitarbeiter subjektiv als schlechter bewerten! Sie glauben, die Homeworker seien weniger fleißig und weniger zuverlässig, obwohl das nicht stimmt. »Sichtbar zu sein gaukelt vor, wertvoll zu sein«, so Daniel Cable.

Das ist Rothirsch-Wanderverhalten in der Unternehmens-Denke. Oder anders gesagt: ein Dogma.

Das Präsenz-Dogma

Führungskräfte WISSEN zwar, dass Homeoffice-Arbeiter nachweislich in vielen Fällen produktiver, motivierter, seltener krank und zufriedener mit der Arbeit sind (dazu gibt es viele Studien, zum Beispiel die von Prof. Nicholas Bloom von der Stanford University) – dennoch GLAUBEN sie das Gegenteil.

Ein Dogma ist aber nicht unumstößlich. Das können Sie schon an der Geschichte des Wortes ablesen. »Dogma« stammt aus dem Griechischen und bezeichnete früher einfach eine Annahme, eine Meinung. Dann veränderte sich die Bedeutung, und der Begriff wurde als Beschluss, Entscheidung verstanden. Erst später wurde das Wort im Sinne eines Lehrsatzes verwendet, dann von der katholischen Kirche übernommen und erst dann als unumstößlicher Lehrsatz oder als »Wahrheit« gedeutet.

Da hat also mal jemand etwas gemeint, dann beschlossen, dann gelehrt und dann erst geglaubt. Genauso gut können wir die Kette aber auch wieder rückwärtsgehen und dann unsere Meinung ändern und so unsere Wahrheiten besser an die Wirklichkeit anpassen!

Dabei helfen drei Fragen:

Erstens: **Welche Überzeugung teile ich?** (Wer anwesend ist, arbeitet besser.)

Zweitens: **Ist diese Überzeugung wert, infrage gestellt zu werden?** (Ja. Um richtig gute Mitarbeiter zu finden und zu binden, ist ein Umdenken dringend erforderlich.)

Drittens: **Ist diese Überzeugung wirklich gültig?** (Nein, ist sie nicht. Die Wissenschaft beweist das Gegenteil.)

Wir brauchen Führungskräfte, die den Mut haben, sozusagen vom Böhmerwald in den Bayerischen Wald zu wandern, also die eingebildete Grenze im Kopf zu überschreiten. Das Verhalten wird es an den Tag bringen, was sie wirklich glauben. Solange sie Präsenzmitarbeiter immer noch bevorzugen, ob bewusst oder unbewusst, wirkt das unsinnige Dogma nach wie vor.

Und an alle, die noch immer bezweifeln, dass Freiraum und Selbstverantwortung Mitarbeiter produktiver machen: Lasst es uns einfach ausprobieren!

Es läuft richtig rund bei Ihnen? Dann ändern Sie was. Jetzt!

»Never change a winning team!« Das ist ein Spruch, den wir dauernd hören. Die Informatiker sagen: »Never change a running system!« Und generell gilt: Wenn es nicht kaputt ist, lass es laufen!

Diese Einstellung finden wir aber nicht klug, sondern fahrlässig, kurzsichtig und mutlos! Wir halten es da eher mit Joachim Löw, der in einem seiner letzten Interviews in 2014 einen bemerkenswerten Satz gesagt hat: »Wir müssen uns neu erfinden!« DAS ist eine Ansage!

Machen Sie sich klar, was das konkret bedeutete: Die deutsche Fußballnationalmannschaft hatte in Brasilien ein grandioses Turnier gespielt, war als erste europäische Mannschaft überhaupt auf dem südamerikanischen Kontinent Weltmeister geworden, hatte alle großen Gegner geschlagen, hatte den Favoriten Brasilien mit 7:1 in Grund und Boden gespielt, war seit einem Jahr Nummer eins auf der FIFA-Weltrangliste.

Diese Mannschaft stand im Zenit! Besser ging es nicht. Warum das nicht auskosten? Warum ausgerechnet jetzt etwas ändern? Weil es goldrichtig ist! **Wir müssen das Neue auf dem Höhepunkt des Erfolgs wagen.** Und das, obwohl es nicht sicher ist, dass es so erfolgreich sein wird wie das Alte.

Aufhören, wenn es am besten ist – damit es noch besser wird

Noch mal langsam zum Mitschreiben: Wir müssen das Neue auf dem Höhepunkt des Erfolgs wagen. Mit allen Risiken. Oder besser noch: kurz bevor wir den Höhepunkt des Erfolgs erreicht haben. Der Grund: **Jeder Erfolgszyklus sieht aus wie ein liegendes S.** Oder, mathematisch ausgedrückt: wie ein Ausschnitt aus einer Sinuskurve (Abbildung 1). Kein Aufschwung dauert ewig. Irgendwann flacht die Kurve ab, und nach dem Höhepunkt kommt eine Sättigungsphase und danach ein Rückgang. Das gilt generell, ob bei einer Fußballmannschaft, einer individuellen Karriere, einem Produkt oder einem Geschäftsmodell.

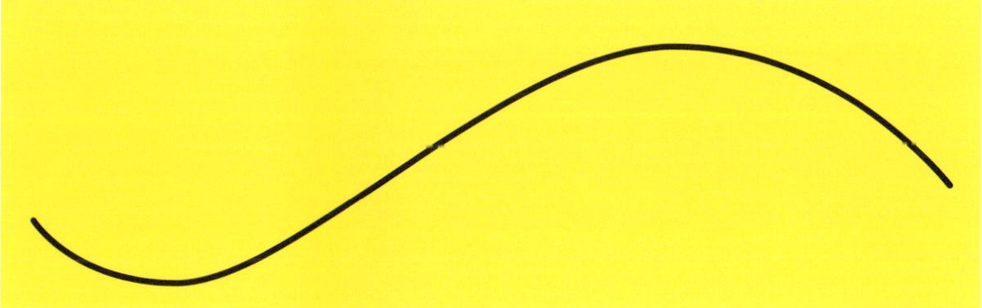

Das Geheimnis dauerhaften Erfolges liegt darin, rechtzeitig mit einer neuen Kurve zu beginnen, bevor die gegenwärtige Kurve in den Abschwung geht (Abbildung 2).

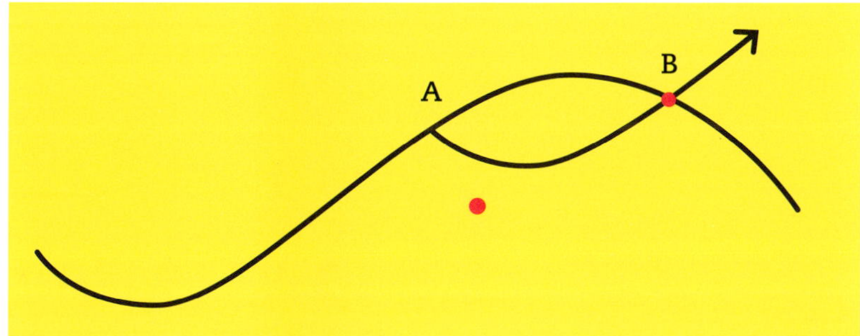

Wann ist der richtige Zeitpunkt, um mit der Neuerung zu starten? Eben nicht erst am Punkt B, wenn der Abschwung bereits spürbar ist. Wenn Sie erst über Neuerungen nachdenken, nachdem der Erfolg schon wieder nachgelassen hat, dann sind Sie vermutlich später dran als der Wettbewerb. Außerdem haben Sie dann gar nicht mehr die Zeit, die Energie, die Ressourcen, um etwas Neues aufzubauen, denn Sie sind ja schon in der Defensive und kämpfen gegen Umsatz-, Absatz- und Vertrauensverluste.

Der richtige Zeitpunkt ist der Punkt A, kurz vor oder allerspätestens auf dem Höhepunkt. An diesem Punkt gibt es allerdings ein kleines Problem: Keiner erkennt die Notwendigkeit der Neuerung an. Alle melden Ihnen zurück: Bist du verrückt, ausgerechnet jetzt mit etwas Neuem anzufangen? Es läuft doch alles super! Warum jetzt etwas verändern, wo wir doch für diesen Erfolg so hart gearbeitet haben! Lass uns doch erst mal die Ernte einfahren!

Aber dann sind Sie ruck, zuck, noch halb im Freudentaumel, schon wieder auf der abschüssigen Bahn, und dann wird's hart …

Also: **Es läuft so richtig rund bei Ihnen? Dann ändern Sie was!** Versuchen Sie etwas Neues. Jetzt! Und jeder Vorwurf, den Sie dafür kassieren, ist ein weiterer Beleg für Sie, dass Sie es richtig machen.

Machen Sie sich das Feuer unterm Hintern lieber selbst

»Strategie ist der einfache Teil. Unser Problem ist die Umsetzung …« Das sagte uns neulich der Vorstand eines MDax-Unternehmens nach unserem Vortrag. Der Satz ist uns vertraut. Wir hören ihn ständig, fast wortwörtlich. Als ob er eine unumstößliche Weisheit wäre, an deren Wahrheitsgehalt nur boshafte Verräter des herrschenden Systems ernsthaft zweifeln …

Wir sind anderer Meinung. Genau umgekehrt wird ein Schuh draus. Umsetzen ist der einfache Teil – wenn die Strategie sitzt! Aber die passende Strategie zu finden kann extrem einschneidend sein!

»Mit der Liebe zur Vergangenheit kann man ein Museum betreiben – aber kein Unternehmen.«

Eine wunderbare Geschichte, die diesen Gedanken belegt, handelt von Europas größtem Stahlhändler Klöckner & Co. aus Duisburg, denn der ist gerade dabei, sich neu zu erfinden.

Der Treiber dabei ist der Chef Gisbert Rühl, ein Urgestein in der extrem konservativen Stahlbranche. Von so einem Platzhirsch würde man erwarten, dass er einfach so weitermacht wie bisher. Aber **Rühl reiste mit dem Vorsatz ins Silicon Valley, die Denkweise der Internetpioniere zu inhalieren.**

Schon die ersten paar Andersdenker-Fragen, die er sich dort gefallen lassen musste, erschütterten sein Gedankenfundament: Ein 17-Jähriger fragte ihn aus, wie sein Unternehmen Wetterdaten auswerten würde, weil das Wetter für das Baugewerbe doch wichtig sei. Und weil das Baugewerbe schließlich einen Großteil des Stahls kaufe. Und weil man so ja vorhersagen könnte, wann wie viel Stahl gekauft würde. Rühl war baff. Und musste zugeben: Wir werten da gar nichts aus!

Schlagartig wurde ihm klar, dass es der Stahlbranche sehr leicht genauso gehen könnte wie der Hotel-, der Musik-, der Han-

»Das Festmahl der Disruptoren findet auf jeden Fall statt. Offen ist nur, ob sie mit am Tisch sitzen oder nur den Braten abgeben.«
Christoph Keese
Journalist und Bestsellerautor

dels- oder der Taxibranche: Airbnb, Apple, Amazon und Uber haben in diesen Branchen in kürzester Zeit alle zuvor jahrzehntelang verschlossenen Tresortüren aus den Angeln gehoben.

Sollen wir uns selbst kannibalisieren, oder überlassen wir das anderen?

Fakt ist: **Heute bemisst sich der Unterschied zwischen Anführer und Nachzügler nicht mehr in Jahrzehnten, sondern in wenigen Jahren. Manchmal sogar nur in Monaten.** Eine gute Idee eines Neu- oder Quereinsteigers reicht, um eine Branche auf den Kopf zu stellen und die Spielregeln neu zu definieren.

Gisbert Rühl zog aus diesem beängstigenden Gedanken die Konsequenzen: Er wartet nicht einfach, bis jemand kommt und sein Geschäft zerstört. Wenn sein Unternehmen ohnehin früher oder später Feuer unterm Hintern bekommen wird, dann macht er das lieber selbst!

Also führte er den Online-Handel ein und ließ einen Webshop für Stahl bauen. Er gründete eine Digitaltochter und trieb damit die Digitalisierung des ganzen Unternehmens voran, um schneller und kostengünstiger zu arbeiten und teure Zwischenlager zu reduzieren.

Die coolste Maßnahme ist unserer Meinung nach, dass Rühl gezielte Angriffe auf das eigene Unternehmen initiierte. Eine eigene Venture-Capital-Gesellschaft fördert Start-ups, die das Potenzial haben, die Wertschöpfungskette von Klöckner anzugreifen. Brillant! Und ganz schön mutig.

Was wir aus diesem Schritt ziehen, sind vier Gedanken:

Erstens: **Haben Sie den Mut zu radikalen Ideen!** Anstatt im Strategiemeeting darüber nachzudenken, wie Sie Ihr etabliertes Geschäftsmodell ein bisschen aufhübschen könnten, stellen Sie es lieber gedanklich komplett infrage!

Zweitens: **Wenn das eine Erkenntnis bringt, dann handeln Sie!** Ein strategisches Aha-Erlebnis muss auf die Realität im Unternehmen durchschlagen. Wie bei Klöckner.

Drittens: **Beschleunigen Sie dramatisch!** Sobald die Dringlichkeit bewusst war, hat Klöckner in kürzester Zeit gelernt, neue Tools und Technologien in wenigen Wochen zu entwickeln und zu realisieren – was zuvor Jahre gedauert hatte.

Viertens: **Machen Sie aus dem Hinterfragen und Neudenken einen permanenten Zustand!** Das heißt konkret: Schaffen Sie Strukturen, die dafür sorgen, dass Ihr Unternehmen gar nicht erst zur Ruhe kommt.

Allen Weiter-wie-bisher-Proponenten sei gesagt: Langsam-und-gemächlich und Ausruhen-auf-dem-Plateau sind keine Geschäftsmodelle. Mit der Liebe zur Vergangenheit kann man ein Museum betreiben – aber kein Unternehmen.

Die Geschichte stellt keine Ewigkeitsgarantien aus, auch nicht für bis dato erfolgreiche Unternehmen. Sie werden eher früher als später von bisher unbekannten Akteuren angegriffen werden. Willkommen im Zeitalter der Disruption!

Sparen ist das letzte Refugium des Fantasielosen

Wenn Unternehmen in Schwierigkeiten geraten, gibt es eines, was sie sofort tun können. Etwas, wozu ihnen jeder Berater, jeder Banker, jeder gute Freund sofort rät: Kosten runter! Hier sind drei Beispiele dafür, was dann passiert:

> »Man kann einem dicken Mann zwar ein Bein abschneiden, aber dadurch wird er nicht wirklich dünner.«
>
> **Gary Hamel**
> Strategievordenker und Managementberater

Erstens: Bei uns im Ort gibt es eine Bäckerei, der es nicht besonders gut geht. Wo ansetzen? Was den Betreibern ins Auge fiel: Am Ende des Tages bleibt immer Ware übrig. Ausschuss. Verschwendung. **Also wurde das Sortiment reduziert.** Doch das war die Geburtsstunde eines neuen Problems: Die Auswahl ist nun für die Kunden bereits am Vormittag gering. Und nachmittags gibt es nur noch Reste zu kaufen. Dort einzukaufen macht keinen Spaß. Dort zu verkaufen macht ebenfalls keinen Spaß: Die netten Verkäuferinnen sind schon weg, die gleichgültigen Erfüllungsgehilfen sind noch da. Jetzt macht es noch weniger Freude, Kunde dieses Bäckers zu sein. Der Umsatz sinkt. Das Sortiment wird noch weiter eingeschränkt. Am letzten Tag vor der Pleite wird es dort wahrscheinlich nur noch drei trockene Brötchen geben.

Zweitens: Unser Telekomanbieter kämpft mit neuen Wettbewerbern und muss dabei Federn lassen. Das drückt die Zahlen. Wo ansetzen? **Beim Service könnte man ja noch kürzen!** Wo Kunden früher noch jemanden persönlich erreichen konnten, wenn es ein Problem gab, gibt es heute nur noch ein Callcenter mit langen Wartezeiten. Falls sie durchkommen, wird ihre Beschwerde immerhin noch aufgenommen. Und dann passiert erst mal tagelang nichts: »Die Techniker haben so viel zu tun.« Also wieder anrufen, wieder warten, und so weiter und so fort. Wir haben gekündigt. Andere Kunden auch.

Drittens: Der Bootsbauer, der unsere mittlerweile 25 Jahre alte Segelyacht gebaut hat, war einstmals die Premiummarke der Branche. Die besten Boote, die besten Materialien, die besten Details. Selbst 30 Jahre alte Yachten werden heute noch oft zum damaligen Kaufpreis gehandelt. Doch seit einigen Jahren leidet das Unternehmen unter neuen Wettbewerbern aus Osteuropa, die billiger produzieren. Die Kunden wurden weniger. Wo ansetzen? Der Bootsbauer dachte sich: Na ja, ich könnte doch sparen. **Hier billigere Teile nehmen, dort etwas weglassen.** Die Folge: Die Qualität leidet, und in der gesamten Szene spricht man darüber. Der Marktwert der neueren Boote sinkt. Der Qualitätsabstand zu Wettbewerbern schrumpft. Immer weniger Kunden wollen die Boote. Also wird noch mehr billiger gemacht, um noch mehr zu sparen …

Tatsache aber ist: Man kann sich nicht zum Erfolg sparen! Und trotzdem versuchen viele genau das. Sie ducken sich und hoffen, dass die Krise nur eine vorübergehende Erscheinung ist, die sie im Überwinterungs- und Reduktionsmodus aussitzen können. Es ist ein Reflex – der schnurstracks in die Abwärtsspirale führt. Irgendwann ist kein Fleisch mehr am Knochen. Da hilft dann auch keine Neuauflage des Sparprogramms!

Wer die Richtung bestimmen will, muss am Lenkrad sitzen, statt auf der Bremse zu stehen

Unserer Überzeugung nach ist es klüger, sehr früh in einer Krisensituation zu reagieren und JETZT die Veränderung selbst aktiv voranzutreiben. Solange noch genügend Umsatz, Ertrag und Kunden vorhanden sind und das Unternehmen noch lebendig ist. JETZT ist die Zeit, um neue Produkte, neue Dienstleistungen oder ein neues Geschäftsmodell zum Leben zu erwecken. JETZT, wo bei Mitarbeitern und Kunden noch Vertrauen da ist.

Übrigens gilt dieser Hinweis nicht nur für Unternehmen, sondern auch für Menschen. Wie viele Menschen, die ihren aktuellen Job oder ihren Chef nicht mögen, ducken sich weg und reduzieren ihren Einsatz! Die Situation wird dadurch nicht besser, der Chef wird dadurch nicht besser. Also fahren sie das Engagement schrittweise immer weiter zurück, machen Dienst nach Vorschrift, während das Arbeiten immer demotivierender wird. Am Ende haben sie innerlich aufgegeben und halten lediglich noch die Hoffnung am Glimmen, dass die Zeiten irgendwann wieder besser werden. Aber in 99 Prozent der Fälle wird gar nichts besser! Die Teufelsspirale saugt sie immer tiefer in die Arbeitshölle hinein.

Wir können uns nicht zum Erfolg schrumpfen. Schauen Sie besser, wo Sie sinnvoll investieren können. **Nehmen Sie den Fuß von der Bremse und das Lenkrad in die Hand!**

Die wichtigsten Worte in jeder Sprache

»Zu fragen bin ich da, nicht zu antworten!«

Henrik Ibsen
norwegischer Autor

Etwas muss passieren! Der Kunde ist nicht zufrieden, die Deadline drückt, das Team ist durch Krankheit dezimiert, der Umsatz wird gebraucht, die Lage spitzt sich zu. Das Team sitzt um den Konferenztisch herum und wartet auf eine klare Vorgabe. Und der Chef? Der Chef macht keine Ansage. Nein, er fragt: »Was ist Ihre Meinung? Was schlagen Sie vor?«

Finden Sie das schwach? Wir finden es stark!

Chefs, die vor Entscheidungen erst mal ihren Mitarbeitern zuhören, haben unseren Respekt. Und je dringender die Entscheidung, desto wichtiger, dass der Chef nicht einfach auf Autopilot schaltet, sondern die Mitarbeiter konsultiert.

Wer nicht fragt, führt dumm

Das ist auch die Meinung des alten Haudegen Bill Marriott, Sohn des Gründers und aktueller Chairman der größten Hotelkette der Welt. Er erzählt immer wieder gerne, wie einmal US-Präsident Dwight D. Eisenhower bei den Marriotts zu Gast war. Eisenhower war unentschlossen, ob er lieber zur Wachteljagd hinaus in die Kälte oder gemütlich vor dem Kamin sitzen bleiben wollte. Also fragte er den damals 22-jährigen Bill: **»What do you think?« Diese vier Worte machten derart Eindruck auf den jungen Hotelerben, dass er seine komplette Führungspraxis darauf aufbaute.**

Marriott hält diese vier Worte für die wichtigsten Worte der englischen Sprache überhaupt. Im Deutschen sind es sogar nur drei: »Was denken Sie?« Wann immer etwas zu entscheiden war,

Marriott fragte zuerst seine Mitarbeiter. Und sein Erfolg ist ein schlagendes Argument für die Wirksamkeit dieser Methode!

Von Mitdenkern profitieren

Zuerst den Mitarbeitern zuzuhören ist übrigens nicht als nettes Empowerment-Alibi gemeint oder als Streichelkurs, um dem Team das angenehme Gefühl zu geben, ein bisschen wichtig zu sein. Nein, es steckt deutlich mehr dahinter! Wir sind der Überzeugung, dass echtes Interesse an der Meinung der Mitarbeiter der dramatisch bessere Weg ist, ein Unternehmen zu führen. Es ist besser für denjenigen, der gefragt wird. Und besser für denjenigen, der fragt. Die Gründe:

Erstens: »Was denken Sie?« bewirkt beim Gefragten, dass **Kreativität und Initiative wach gekitzelt werden**. Die Mitarbeiter beginnen, sich das Problem zu eigen zu machen und Verantwortung zu übernehmen. Aus Mitarbeitern werden Mitdenker.

Zweitens: Beim Fragesteller bewirkt »Was denken Sie?«, dass **das Portfolio der Perspektiven erweitert wird und das eigene Denken hinterfragt werden kann**. Chefs können dazulernen, ihre Schlussfolgerungen überdenken und neue Informationen gewinnen.

Warum wird das so selten gemacht?

Bill Marriott liefert die Antwort: »Their ego jumps in!« Die Chefs glauben, die Antwort schon zu wissen. Warum sollen sie dann erst noch fragen?

Aber das ist ein großer Irrtum! Den eigenen Horizont vor einer Entscheidung durch sein Team zu erweitern ist einfach nur sehr, sehr intelligent. **Und am Ende muss der Chef ja doch immer noch selbst entscheiden.** Führung ist schließlich kein Beliebtheitswettbewerb!

Was denken Sie?

Crème brulée oder Warum gute Chefs Sicherheit geben

Wir sitzen mit Freunden in einem schönen Restaurant beim Essen. Es ist ein entspannter Abend, die Stimmung ist super. Nach dem Hauptgang hat eine Freundin von uns Lust auf etwas Süßes. In der Dessertkarte wird sie fündig: »Crème brulée klingt toll, die nehme ich!« Es gibt zwei Varianten Crème brulée: einmal für Kinder für fünf Euro und einmal mit Vanilleeis für Erwachsene für 7,80 Euro. Unsere Freundin entscheidet sich für die »Kindervariante«, weil sie kein Eis möchte. Und dann … Sie glauben nicht, was als Nächstes passiert:

Kaum hat sie den ersten Bissen ihrer süßen Wahl genossen, als plötzlich der Kellner wieder neben ihr steht und sagt: »Ich bin neu hier und habe gerade einen Fehler gemacht. Diese Crème brulée ist nur für Kinder. Ich muss die Ihnen jetzt wegnehmen. Das ist mir sehr unangenehm, aber wenn ich das nicht mache, bekomme ich Probleme und bin meinen Job los.«

Bitte was?

Am Tisch war Stille.

Kurz darauf war die Crème brulée weg. Und die gute Laune auch.

Was um alles in der Welt bringt einen Kellner dazu, dem Gast das Essen unter dem Löffel wegzuziehen? Hinter den Sätzen, die der junge Mann gesprochen hatte, verbarg sich ein Subtext. Seine wirkliche Botschaft war: **»In diesem Unternehmen fühle ich mich nicht sicher. Und deswegen behandle ich Sie jetzt wie den letzten Dreck, um mich selbst zu schützen.«**

»Ohne Sicherheitszonen erobern Angst, Misstrauen und blinder Selbstschutz jede Organisation.«

Die Angst im Nacken

Das Motiv, das den Kellner so verstörend handeln ließ, ist zutiefst menschlich: Angst! Existenzangst. Es gibt hier kein wildes Tier, das das physische Überleben des Mannes bedroht. Aber es gibt einen Chef, der seine wirtschaftliche Existenz bedroht. Es geht ums Überleben – immer noch.

Um zu überleben, bildet Homo sapiens Gemeinschaften. Erst in einem Verbund von Gleichgesinnten fühlen wir uns sicher. Erst dann lässt die Angst nach. Doch dafür braucht es gegenseitiges Vertrauen und die Bereitschaft, füreinander einzustehen. Auch das ist eine Funktion von Unternehmen. Wo Mitarbeiter fürchten müssen, bei dem kleinsten Fehler gefeuert zu werden, wächst kein Vertrauen. Sondern gedeiht die Angst. Angst ist aber unproduktiv. **Niemand kann sich in einem Job entfalten, bei dem ihm täglich der Boden unter den Füßen weggezogen zu werden droht.**

Wer mit Angst im Nacken handelt, wer fürchtet, einen Fehler gemacht zu haben, der setzt seine ganze Energie dafür ein, sich selbst zu schützen, statt im Sinne der gemeinschaftlichen Ziele zu handeln. Der Kunde kommt dabei erst an letzter Stelle. Wie sich das für Unternehmen auswirkt, ist klar: destruktiv!

Führungskräfte haben deswegen unserer Meinung nach drei Kernaufgaben:

Erstens: **Eine Sicherheitszone schaffen.** Das ist der Raum, in dem Respekt und Toleranz zu Hause sind. Ein Ort, an dem Menschen keine Angst haben und jeden Tag mit dem guten Gefühl nach Hause gehen, dass ihr Beitrag geschätzt wird. Auf diesem Nährboden können sich Mitarbeiter ausprobieren und Erfolge feiern. Ohne diese Sicherheitszone erobern Angst, Misstrauen und blinder Selbstschutz die Festung jeder Organisation.

Zweitens: **Jeder Chef muss entscheiden, wen er in diese Sicherheitszone hineinlässt –** und welches Entscheidungskriterium dafür gelten soll: Ist es der lückenlose Lebenslauf, oder sind es die Werte des Kandidaten, die zum Unternehmen passen?

Drittens: **Wer ein Unternehmen führt, ist verpflichtet, die Zone der Gemeinschaft bis zum äußersten Rand auszudehnen.** Es nützt nichts, wenn es enge innere Zirkel gibt wie die Riege der Führungskräfte oder die Menschen, die in der Zentrale arbeiten. Nur wenn diese Gemeinschaft so stark ist, dass selbst die jüngsten Mitarbeiter sie spüren können oder diejenigen, die weit weg vom Hauptsitz des Unternehmens ihren Job machen, nur dann können Menschen Vertrauen haben und sich zugehörig fühlen.

Hätte der Restaurantchef seinem Mitarbeiter vertraut, dann hätte der genügend Selbstvertrauen gehabt, seine Gäste wie Vertraute zu behandeln. Die gerne wiederkommen. Auch weil die Crème brulée so richtig gut ist, wenn man sie in Sicherheit genießen darf …

»Wer etwas muss

anzünden will,
das Spielfeld
verändern.«

Helden des Alltags und ihre Geschichten

Storytelling im Unternehmen? Am Ende zählt doch das, was unterm Strich bleibt, die Kundenbeziehung, die Verkaufszahlen, die wirklich gelebte Kundenorientierung. Diese harten Ergebnisse sind doch weit weg von den weichen Geschichten.

So denken viele, und so dachten wir auch, als wir für eine Führungskräftetagung zu Gast bei einem Mittelständler waren. Einem Mittelständler mit Stil. Der Chef holt uns persönlich am Empfang ab und führt uns erst mal durchs Unternehmen. In einer Ecke fällt uns ein kleines Fotoshooting auf. Ein junger Mann hält gut gelaunt ein Kabel in die Kamera, eine Frau drückt auf den Auslöser. Drum herum stehen drei weitere Mitarbeiter. Wir fragen den Chef, was es damit auf sich hat.

Er erzählt: Vor ein paar Tagen war ein Kunde aus dem Ausland im Haus. Erschrocken hatte der festgestellt, dass sein Handy-Akku fast leer war – und er das Ladekabel zu Hause vergessen hatte. Na, was soll's … Der junge Mitarbeiter, der da gerade fotografiert wird, war plötzlich verschwunden und tauchte eine Dreiviertelstunde später wieder auf. Ohne dass auch nur irgendjemand etwas gesagt oder verlangt hätte, hatte er sich ins Auto gesetzt und das passende Ladekabel besorgt. **Der Kunde war vollkommen verblüfft und dankbar bis über beide Ohren. Eine kleine Heldentat!**

Aha, und daher nun das Foto. Der Chef fährt fort: **»Das ist nur eine von vielen Geschichten. Wir suchen systematisch nach den Dingen, die richtig gut funktionieren, und sammeln sie.«** Konkret bedeutet das, dass solche Geschichten wie die von dem Handykabel dokumentiert und im Unternehmen publik gemacht werden. Ja, **das Unternehmen hat sogar ein Handbuch erstellt, das aus lauter gesammelten Geschichten über Alltagshelden besteht** und das laufend ergänzt wird.

Klasse!

Jeder im Unternehmen kennt diese Geschichten. Der Stolz und die Kultur des Unternehmens gründen nicht auf Verhaltensregeln oder Vorgaben, sondern auf einer ganzen Saga von Geschichten über Alltagshelden, die zeigen, wie man hier im Idealfall mit Kunden, Partnern und Kollegen umgeht. Der Effekt: Kundenorientierung, Verantwortungsübernahme und Engagement werden signifikant gesteigert!

So wurde aus der scheinbar butterweichen Idee »Geschichten sammeln und erzählen« eine Managementpraxis mit harten, zählbaren Ergebnissen. Wir sind begeistert!

Unser Tipp: Schaffen Sie eine Umgebung, in der Geschichten entstehen können, und dokumentieren Sie diese.

»Schaffen Sie eine Umgebung, in der Geschichten entstehen können, und dokumentieren Sie diese.«

Erstens: Geben Sie Mitarbeitern Handlungsfreiraum statt Vorgaben, damit sie ihre eigenen Heldengeschichten aufführen können!

Zweitens: Zeigen Sie in den Geschichten, was super funktioniert, statt zu kritisieren, was nicht funktioniert!

Denn starke Geschichten und echte Helden sind anschaulicher, glaubwürdiger und wirken stärker als abstrakte Regeln. Unternehmenskultur beginnt mit Storytelling.

Killen Sie den Innovationskiller

Ein von innen beleuchteter Waschtisch für Privatjets? Wer braucht denn so was? Was für eine verrückte Idee … Ja, richtig, die Idee, so etwas zu entwickeln, wirkt für eine Tischlerei in Niederösterreich ziemlich ungewöhnlich. Und tatsächlich hatte kein einziger Kunde so etwas nachgefragt. Ein Mitarbeiter ist einfach so auf diese extravagante Idee gekommen.

Der Punkt ist nur: Die Tischlerei, um die es dabei geht, ist keine normale Tischlerei. Sondern sie ist eine verdammt gute Tischlerei, die schon immer viel mehr sein wollte als nur eine verdammt gute Tischlerei. Ihr Name ist F/List, und sie hat sich auf die Fahnen geschrieben, ihren Kunden **»Möglichkeiten zu eröffnen, die jenseits des Vorstellbaren liegen«**.

Und das gelingt eben nicht, wenn es so zugeht wie in den meisten anderen Unternehmen: Auch dort gibt es wie überall Menschen, die außergewöhnliche und großartige Ideen haben. Aber wenn sie diese vor einer Gruppe von Entscheidern präsentieren, dann werden aus den revolutionären Ideen sehr schnell windelweiche So-könnte-es-allen-gefallen-Vorschläge.

Bloß nichts auf die Mütze bekommen

Der Grund für die ausgeprägte Tendenz zum Weichkochen von außergewöhnlichen Ideen liegt nicht darin, dass die Ideenentwickler Feiglinge ohne Rückgrat wären. Sondern daran, welche Kultur des Umgangs mit Ideen in der Organisation herrscht. **Vorzuzeigen, was wir erschaffen haben, ist ein extrem heikler Moment der Verletzlichkeit.**

Kaum jemals ist es so einfach für andere, uns zu düpieren oder auflaufen zu lassen, wie in diesem Moment. Denn wir alle ziehen ein großes Stück unseres Selbstwerts und unserer guten

»Aus Furcht, dass man als
Spinner dasteht, kommt
die Idee, die vorher noch
mutig klang, dann so
weichgespült daher,
als würde man mit
Wattekugeln schießen.«

Laune daraus, wie andere uns, unsere Ideen und unser Werk beurteilen. Daumen hoch oder Daumen runter – das ist eine sensible Situation.

Darum handeln die meisten Menschen auf eine von zwei Weisen:

> »Wir sollten aufhorchen, wenn die Leute etwas verrückt finden. Denn wenn die Leute etwas gut finden, macht es bereits ein anderer.«
>
> **Hajime Mitari**
> ehemaliger Chef von Canon

Erstens: **Das Werk wird gar nicht erst vorgezeigt, und es wird zurückgehalten.** Oft unter dem Deckmantel des Perfektionismus. Es ist noch nicht ganz fertig, ich feile noch dran, es fehlen noch ein paar Infos, ein paar letzte Zutaten und so weiter. Letzten Endes wird nie geliefert.

Zweitens: **Die Ecken und Kanten werden weggelassen, und das Außergewöhnliche wird unterschlagen, um das Risiko der Ablehnung zu reduzieren.** Also präsentiere ich eine angepasste, geschmeidige und irgendwie mittelmäßige Variante der einst »wilden« Idee, weil zu viel auf dem Spiel steht.

Wie ist es um Ihre Ideenkultur bestellt?

Natürlich sollten wir unseren Selbstwert nicht daran koppeln, was andere denken. Denn diese Kopplung ist ein Innovationskiller. Sie macht uns zu Gefangenen des Anspruchs, allen irgendwie gefallen zu wollen. Aber wenn ein Unternehmen eine Kultur hat, in der genau diese Kopplung dazugehört, dann wird sich niemand finden, der sich mit seinen verrückten Ideen exponiert – er wäre auch schlecht beraten. Stattdessen sind alle geübt im Weichspülen, Anpassen und Rundschleifen.

Wenn Sie das nicht wollen, müssen Sie es machen wie F/List, die außergewöhnliche Tischlerei aus Niederösterreich: **Unterbrechen Sie diese Kopplung!**

Das bedeutet: **Nehmen Sie die ungewöhnlichen Ideen ernst, lassen Sie den Mitarbeiter tatsächlich dieses Produkt herstellen, und bieten Sie an, was noch nie von einem Kunden verlangt wurde.** »Diese Ideen lassen wir zu, um den Innovationsprozess nicht zu bremsen«, sagt die Chefin Katharina List-Nagl.

Auf diese Weise hat es F/List geschafft, außergewöhnliche und hoch profitable Premiummärkte für sich zu erobern. Die Tischlerei ist heute ein Premiumzulieferer von Weltmarktführern im Flugzeug- und Yachtbau. Mit weichgespülten Nullachtfünfzehn-Ideen wäre das nicht gelungen!

Es ist clever, Mitarbeiter zu ermutigen, eher noch mehr solcher kühnen Vorschläge zu machen, und dann zu schauen, was sich daraus machen lässt. Also erst mal einen Prototypen bauen und ihn den Privatjet-Kunden zeigen, damit sie sehen können, was sie sich noch nie vorgestellt haben. Und wenn die keinen von innen beleuchteten Waschtisch haben wollen, dann interessiert das vielleicht die Privatyacht-Kunden. Und mal sehen, wen noch … Und wenn nicht, dann kann man die Idee ja immer noch parken, bis die Zeit reif dafür ist.

Aber der Innovationskiller ist gestoppt. Die Idee ist da und hat Sauerstoff, um zu atmen. Und vielleicht hat sie einmal ihren ganz großen Auftritt!

Braucht kein Mensch: Vom Sinn des Unsinns

»Wenn Menschen nicht manchmal unsinnige Dinge täten, würde nichts Kluges getan werden.«

Ludwig Wittgenstein
Philosoph

Innovation braucht kein Mensch. Innovation ergibt überhaupt keinen Sinn. Nie! Denken Sie mal drüber nach: Dafür gibt es zig treffende Beispiele.

Nehmen wir nur mal den Rollkoffer. Normale Koffer eben, denn heute gibt's ja überhaupt nur noch Koffer mit Rollen unten dran. Aber vor nicht allzu langer Zeit existierte diese Innovation noch nicht. Kaum mehr vorstellbar, aber alle Koffer wurden geschleppt und nicht gerollt. So war das eben. Hat die Menschheit händeringend auf die Ankunft des Rollkoffers gewartet? Natürlich nicht!

Ein richtiger Mann trägt seinen Koffer selbst

Die Gesellschaft war vor dieser Erfindung für die »Rollenlosigkeit« konzipiert. Es gab an Bahnhöfen und Flughäfen Gepäckträger, die das schwere Reisegepäck gegen Gebühr transportiert haben – oder man trug es eben selbst. Also: Es funktionierte doch prima ohne Rollen!

Doch dann kam das Jahr 1970, und Bernard Sadow musste mit seiner Frau an einem Flughafen in Puerto Rico an der Zollabfertigung warten – beladen mit zwei schweren Koffern, und kein Gepäckträger war in Sicht. Aber er sah einen Gepäckwagen! Und als er den holte, verschwammen vor seinem geistigen Auge Koffer und Gepäckwagen zu ein und demselben Ding: dem Rollkoffer!

Wieder zu Hause machte er sich an die Arbeit und baute einen Prototypen: Vier Rollen aus dem Baumarkt unten drangeschraubt, ein flexibles Band zum Ziehen befestigt – dann meldete er die Konstruktion zum Patent an.

Innovationen sind IMMER erst mal unsinnig

Allerdings war – wie immer – aller Anfang schwer: Er versuchte, seinen rollenden Koffer verschiedenen New Yorker Warenhäusern anzubieten. Die Resonanz war unterirdisch: Ein Koffer mit Rollen? Vollkommen verrückt! Einen Koffer wie einen Hund an der Leine hinter sich herziehen? Das macht doch kein Mensch! Und überhaupt: Ein richtiger Mann schultert sein Gepäck – zumindest wenn er etwas auf sich hält.

Fazit: Nette Idee, brauchen wir nicht!

Genau diese Abwehrreaktion ist es, auf die wir hinweisen wollen: **Innovationen sind IMMER erst mal unsinnig. Unbrauchbar. Überflüssig. Glauben Sie bloß nicht, irgendjemand hätte auf Ihre gute Idee gewartet!**

 Post-its: Warum sollten wir irgendwelche farbigen Zettelchen irgendwo hinkleben?

 Thermomix: Wer will denn viel Geld für einen heizbaren Mixer ausgeben?

 Navigationsgerät: Wieso so ein Ding im Auto installieren, wenn man die Strecke ohnehin kennt oder einfach im Shell-Atlas nachschauen kann?

 World Wide Web: Was? Wozu? Wieso? So ein Unsinn!

Alles kompletter Unfug … in der jeweiligen Zeit, als die Innovationen aufkamen. Aber gerade weil sie dem jeweils aktuellen »Sinn« widersprechen, sind unsinnige Innovationen so wertvoll. Ludwig Wittgenstein hat es wunderbar ausgedrückt: »Wenn Menschen nicht manchmal unsinnige Dinge täten, würde nichts Kluges getan werden.«

In der Geburtsstunde fast jeder Innovation denkt und tut der Innovator stets etwas Unsinniges. Das bedeutet: Egal ob Sie Chef eines Unternehmens sind, Leiter einer Marketingabteilung oder Solo-Unternehmer mit Bürohund: **Lassen Sie bitte Unsinniges zu!**

»Die Irrgärten der Bürokratie
in vielen Konzernen erinnern
an ›Hotel California‹: Du
kommst einfach rein, aber
du kommst nie wieder raus.«

Bureaucracy Busters statt Motivation Booster

Mit einer Sache können Sie uns in den Wahnsinn treiben! Nämlich mit folgender Bitte in all ihren Varianten: »Können Sie mir helfen, meine Mitarbeiter mal so richtig zu motivieren?«

Warum nervt uns die Frage so sehr? Weil das Konzept »Menschen motivieren« anerkanntermaßen und ausreichend belegt dummes Zeug ist. Motivation lässt sich – entgegen der nicht totzukriegenden Behauptung so mancher Motivations- oder Erfolgstrainer – nicht von außen mit dem großen Löffel verabreichen.

Darum hier noch mal ganz deutlich: **Menschen können nicht motiviert werden! Sie müssen nicht motiviert werden! Sie sind bereits motiviert!** Stattdessen: Die Absender solcher Motivationsgesuche sollten dringend darüber nachdenken, wie sie endlich damit aufhören können, ihre Mitarbeiter zu demotivieren.

So weit, so gut. Aufhören zu demotivieren – aber wie macht man das ganz praktisch? Indem man Dinge weglässt beziehungsweise nicht mehr tut. In Ordnung. Nur welche?

Bürokratie aufbrechen

Ein sehr schönes Beispiel, wie »De-Demotivation« gelingen kann, erzählt Laszlo Bock, Googles ehemaliger Personalchef, in seinem Buch *Work Rules!*: Der Anlass war dort das Ergebnis einer jährlichen Mitarbeiterbefragung. **Immer mehr Mitarbeiter beschwerten sich über die komplizierten und bürokratischen Prozesse, die alle nervten.**

Die Größe der Firma hatte sich wieder mal verdoppelt. Damit einher ging der wohlbekannte Effekt: Die Bürokratie wucherte. Genehmigungsschleifen, Berichte, Vorschriften, Regeln, Protokolle schossen aus dem Boden, um die mit der Größe steigende Komplexität in den Griff zu bekommen. Für den einzelnen Mitarbeiter wurde es immer schwieriger und aufwendiger, Dinge zu erledigen.

Das durfte so nicht weitergehen. Aber was tun? Finanzchef Patrick Pichette hatte eine brillante Idee: Er übertrug die Entscheidung, was alles geändert werden sollte, den Mitarbeitern. Und zwar, indem er die Bureaucracy Busters ins Leben rief.

Das funktioniert so: Bureaucracy Busters ist ein Online-Werkzeug, das es Mitarbeitern ermöglicht, bürokratische Ärgernisse, umständliche Arbeitsabläufe, sinnlose Genehmigungsverfahren und so weiter zu benennen und Vorschläge zu machen, wie sich diese reduzieren oder ganz abschaffen lassen. Die besten Ideen werden dann gewählt und umgesetzt.

Wichtig dabei: **Das war keine von oben nach unten verordnete Initiative.** Stattdessen wurde den Mitarbeitern ein Online-Werkzeug zur Verfügung gestellt, mit dem sie von unten nach oben selbst aktiv werden konnten.

Beseitigt werden auf diese Weise alle ärgerlichen Kleinigkeiten, die die Chefs gar nicht sehen können. Beispielsweise gab es da diesen Kalender, der es nicht erlaubte, Gruppen hinzuzufügen, weshalb es ewig dauerte, große Konferenzen einzuberufen. Die Bureaucracy Busters wurden eingeschaltet, die fehlende Funktion wurde eingerichtet, das Problem war gelöst. Genauso bei der Schwelle für genehmigungspflichtige Ausgaben: Sie war sehr niedrig angesetzt. Die Folge: Manager mussten selbst bei kleinsten Ausgaben ihre Zustimmung geben. Bureaucracy Busters: Die Schwelle wurde angehoben. Und so weiter.

Das Ganze wirkt wie eine Art Immunsystem, ein selbst gesteuerter Hygienehaushalt, der automatisch eliminiert, was beim Arbeiten stört. Gibt es so etwas nicht, dann treten die frustrierenden Kleinigkeiten immer gebündelter auf, der kumulierte Frust wird immer größer und immer destruktiver. Irgendwann wirkt er wie ein schwarzes Loch, das die Freude an der Arbeit unerbittlich anzieht, einsaugt und vernichtet.

Die Voraussetzung, um so ein extrem nützliches unternehmensinternes Immunsystem zu entwickeln und ins Werk zu setzen, ist aber diese wichtige Erkenntnis in den Köpfen der Führungskräfte: **Die Kunst des Weglassens!** Anstatt sich den Kopf zu zerbrechen, was man alles noch machen könnte, welche neuen Controlling-Tools, neuen Berichte, neuen Formulare man hinzufügen könnte, sollten Chefs verstehen, dass sie auch führen und etwas verbessern können, indem sie etwas NICHT mehr machen.

Viel zu selten sagt jemand einfach mal: »Wisst ihr was, das lassen wir jetzt einfach weg!«

»Viel zu selten sagt jemand einfach mal: ›Wisst ihr was, das lassen wir jetzt einfach weg!‹«

Genau das aber brauchen wir! Eine Not-to-do-Liste.

Denn wenn Sie Potenziale freisetzen wollen, dann brauchen Sie den Raum dafür. Der erste Schritt besteht darin, etwas wegzulassen, etwas nicht mehr zu tun, etwas abzuschaffen, was nicht mehr gebraucht wird, damit Platz geschaffen wird für das Neue. Und damit können Sie gleich morgen beginnen: Streichen Sie ersatzlos unnötige Berichte, überflüssige Meetings, umständliche Abläufe, sinnlose Genehmigungsverfahren und all dieses Zeugs, das keinen Wert schafft, dafür aber Zeit raubt, Energie verschwendet, Lust tötet und Frust erzeugt.

Dieser Mist muss weg!

Ein Festival der Ideen

Kennen Sie das Fringe Festival in Edinburgh? Es ist das größte Off-Bühnen-Festival der Welt. Jedes Jahr im August zeigen dort Tausende von Künstlern, was sie draufhaben: Über 3000 Shows mit knapp 50 000 Vorstellungen an knapp 300 Spielorten quer durch die Stadt. Ein Feuerwerk der Kreativität. Fast zwei Millionen Tickets gehen an den Mann und die Frau!

Dieses Festival ist nicht nur groß, bunt und spektakulär, es ist auch auf extrem intelligente Weise organisiert. Kein riesiges Organisationsteam. Kein Gremium entscheidet, wer wo auftritt. Die Akteure organisieren sich komplett selbst.

Und das funktioniert? Das funktioniert sogar extrem gut!

Künstler konkurrieren um Auftrittsorte, Locations um Künstler und alle zusammen um Zuschauer und Presse. Kein Management mischt sich ein. Und es läuft trotzdem. Oder gerade deshalb. Das Ganze ist nach dem besten Prinzip organisiert, das es für komplexe Vielfalt gibt: nach dem Prinzip des Marktes! Hier herrscht knallharter, fröhlicher Wettbewerb.

Einige der besten Shows der Welt werden hier gezeigt. Warum sich das die Künstler antun? Und eben nicht auf die altbewährte Festivaltour setzen – mit fester Bühne, ordentlicher Planung, zentralem Ticketverkauf und bester Backstage-Betreuung? Wegen der herausragenden Qualität des Wettbewerbs! Der ehemalige Festivalleiter Paul Gudgin bringt es auf den Punkt: »**Wenn du ein echter Athlet bist, möchtest du an den Olympischen Spielen teilnehmen.** Das Gleiche gilt für die Künstler, die zum Fringe kommen: Du willst wissen, an welcher Stelle du stehst.«

»Es ist Irrsinn zum Quadrat, dass viele Unternehmen Ideenreichtum fordern, tatsächlich aber Anpassung belohnen.«

Ein Marktplatz für Innovationen

Wir sind sicher: Was beim Fringe Festival funktioniert, das klappt auch in Ihrem Unternehmen! Wenn bei den Künstlern in Edinburgh das Marktprinzip massenhaft Ideen höchster Qualität erzeugt, können Sie es ebenfalls nutzen, um Innovationen zu erzeugen. **Warum nicht im Unternehmen einen temporären Marktplatz schaffen, der dafür sorgt, dass die besten Ideen von überall herkommen und die allerbesten sich durchsetzen?** Schaffen Sie eine fröhliche Festivalatmosphäre, und lassen Sie die Idee gewinnen, die die meisten Unterstützer hat.

Beachten Sie für Ihr Ideenfestival diese beiden Regeln:

Erstens: Die wichtigste Regel, um Märkte ins Laufen zu bringen: So viele Regeln wie nötig, so wenig Regeln wie möglich!

Zweitens: Die wichtigste Führungsregel: Nicht einmischen!

Piep, piep – ein quietschlebendiges Frühwarnsystem

Viele Bergleute verdanken ihr Leben den Kanarienvögeln. Die leuchtend gelben Singvogel wurden im 19. Jahrhundert in den Zechen im Ruhrgebiet eingesetzt, um vor Grubengas zu warnen.

Kanarienvögel sind ziemlich empfindlich und reagieren schon bei kleinsten Gasmengen. Im Klartext heißt das: Fiel der Vogel von der Stange, wurde es für die Bergmänner allerhöchste Zeit, sich in Sicherheit zu bringen.

Was als Frühwarnsystem für die Rettung von Bergleuten funktioniert hat, kann doch auch als Frühwarnsystem für allzu konformistisches Denken funktionieren, oder? Das jedenfalls war die Überlegung von Laszlo Bock, als er bei seinem Arbeitgeber Google eine sogenannte Kanarienvogel-Gruppe installierte.

Die Kanarienvogel-Gruppe bei dem Suchmaschinenkonzern besteht aus Mitarbeitern aus ganz unterschiedlichen Unternehmensebenen und Unternehmensbereichen, die den Ruf haben, nachhaltige Entwicklungen zu erkennen, und die auch keine Probleme damit haben, ihre Meinung deutlich und auch gegen vorherrschende Überzeugungen zu äußern. Vor jeder weitreichenden Entscheidung holt man sich bei Google seitdem das kritische Feedback dieser Kanarienvögel ein. Sie sorgen dafür, dass abweichende Meinungen nicht von einer starken Unternehmenskultur oder den selbst ernannten Experten abgebügelt werden.

Natürlich geht es nicht darum, dass die Kanarienvögel bei jeder kleinsten Entscheidung dazwischenzwitschern. **Sie haben immer dann ihren Auftritt, wenn es um wichtige Entscheidungen geht.** Dann sind sie Beratergremium, Fokusgruppe und kritische Feedbackgeber zugleich und sorgen dafür, dass abweichende Meinungen Gehör finden.

»Jedes Unternehmen ist so lange erfolgreich, bis es eines Tages keinen Erfolg mehr hat.«

Gary Hamel
Strategievordenker und Managementberater

Wer nicht hören will, muss fühlen

Wir finden die Einrichtung einer Kanarienvogel-Gruppe ebenso richtig wie zukunftsweisend. **Leider, leider ist das alles andere als »Best Practice« in den meisten Unternehmen.** Wer sich den Luxus einer eigenen Meinung gönnt und womöglich auch noch die Sinnhaftigkeit einer Entscheidung hinterfragt, gilt schnell als potenzieller Brutus – als niederträchtiger Verräter des herrschenden Systems.

Ein solches Konformitätsdenken, das Andersdenker nicht als Bereicherung, sondern als unerwünschte Störung klassifiziert, ist ebenso verführerisch wie komfortabel. Denn wer sich voll und ganz auf die von der Mehrheit goutierte Meinung verlässt, kann es sich in seiner eigenen Echokammer bequem machen. Es schallt ja immer genauso zurück, wie ich hineinrufe. **Abweichende Meinungen zulassen? Sich in seinen Positionen herausfordern lassen? Wozu? Das kostet nur Zeit, und die haben wir ja nicht.**

Das kann man so machen – allerdings ist dafür ein Preis fällig.

»Jedes Unternehmen ist so lange erfolgreich, bis es eines Tages keinen Erfolg mehr hat«, bringt es Strategie-Professor Gary Hamel in seinem Buch *Das Ende des Managements* treffend auf den Punkt. Und schreibt weiter: »Doch es ist beunruhigend, wie oft das Topmanagement überrascht auf den Misserfolg reagiert. Diese Verblüffung, diese verspätete Erkenntnis des dramatischen Wandels der Umstände, ist praktisch eine Garantie dafür, dass die Erneuerungsbemühungen erheblich und möglicherweise gefährlich hinausgezögert wurden.

Die Verleugnung gehorcht einem vertrauten Muster: Beunruhigende Entwicklungen werden zunächst als nicht plausibel oder bedeutungslos verworfen, dann als Ausnahmen von der Regel oder unabänderlich rationalisiert, als Nächstes widerwillig durch defensive Maßnahmen aufgefangen, bevor man sich schließlich ehrlich mit ihnen auseinandersetzt.«

So ist es – und dann ist es bereits zu spät. Hätte man doch nur den Kanarienvögeln zugehört!

»Wer sich den Luxus einer eigenen Meinung gönnt, gilt in vielen Organisationen schnell als potenzieller Brutus.«

»Wer etwas
muss den W
seinen Re

anzünden will,
ettbewerb nach
geln gestalten.«

Schaffen Sie sich ein temporäres Monopol

»Einmaligkeit kennt keinen Wettbewerb.«

Konkurrenz belebt das Geschäft! – Das ist eine der vielen Binsenweisheiten, die tief in unserer Gesellschaft verankert sind. Dass der Wettlauf um die Fleischtöpfe, das Rangeln um die Marktführerschaft, das Niederringen des Konkurrenten unsere Wirtschaft am Leben erhalten würde, das glauben viele.

Und so ist dann unsere Welt auch, von der Schule bis zum Arbeitsplatz: voller Ranglisten und Vergleiche. Voller Sieger und Verlierer. Wo stehst du im Ranking? Noch nicht ganz oben? Na, dann leiste mehr, oder du gehst unter!

Aber okay, ist es nicht genau das, was uns vom Sozialismus unterscheidet? Was uns unseren Wohlstand gebracht hat? Ist eine Marktwirtschaft nicht zwangsläufig ein gnadenloses Hauen und Stechen?

Das glauben wir nicht! Nein, wir sind sogar felsenfest vom Gegenteil überzeugt: **Nur Loser haben Konkurrenz! So richtig erfolgreich kann nur derjenige sein, der sich aus der Konkurrenz zurückzieht und komplett heraushält.**

Warum ist das so? Weil Konkurrenz kein Erfolgsfaktor ist! Das Wort Konkurrenz stammt aus dem lateinischen »concurrere« und bedeutet »zusammen laufen« oder »am selben Rennen teilnehmen«. Und genau das ist der Punkt: Wer hat denn gesagt, dass Sie verbissen im selben Rennen wie die anderen Marktteilnehmer mitrennen müssen?

Um eins klarzustellen: Wir bekennen uns von Herzen zur Marktwirtschaft und zum fairen Wettbewerb. Wettbewerb ist mit Konkurrenz nicht zu verwechseln, Märkte und der zugehörige Wettbewerb um Kunden, Geld und Mitarbeiter sind einfach die Realität, so natürlich wie die Jahreszeiten oder die Schwerkraft.

Wir sehen aber, dass die erfolgreichsten Unternehmen in allen Märkten sich völlig anders verhalten als die meisten anderen: Die erfolgreichsten Unternehmen konkurrieren nicht.

Den eigenen Markt gestalten

Anstatt sich gegenseitig auf die Füße zu treten, sich zu bekämpfen, sich zu überholen und sich auszumanövrieren, **machen sie die Konkurrenz irrelevant – indem sie die Regeln des Markts verändern**. Anstatt mit austauschbaren Mitarbeitern, Me-too-Produkten und Copy-und-Paste-Strategien das Rennen gewinnen zu wollen, **schaffen sie sich ein temporäres Monopol** – mit neuartigen und cleveren Konzepten, die sie erfolgreich umsetzen, etwa auf der Basis der bekannten Blue-Ocean-Strategie von Renée Mauborgne und W. Chan Kim.

Die Volkswirtschaft betrachtet Monopole als Marktversagen. Damit sind übermächtige Monopolisten gemeint, die ihre Wettbewerber mittels unlauterer Methoden loswurden oder sich eine Lizenz vom Staat besorgt haben. Das ist natürlich nicht die Sorte Monopol, die wir meinen.

»Die erfolgreichsten Unternehmen konkurrieren nicht.«

Nein, wir meinen Unternehmen, die im offenen, ungeschützten Wettbewerb stehen und trotzdem eine Zeit lang ohne Konkurrenz sind, für einen Moment unerreichbar für alle anderen, in ihrem eigenen Markt unterwegs, völlig konkurrenzlos.

Das unterscheidet die Besten vom Rest.

Das beste Rezept gewinnt

»Wir leben im Wettbewerb um das beste Rezept.«

Dieser Satz ist für Sie ganz bestimmt nichts Neues: »Kreativität ist die Grundlage für Innovation.« Dennoch hat er es in sich! Denn je nachdem, was Sie unter Kreativität verstehen, ist der Satz entweder wahr oder totaler Quatsch.

Viele Leute verstehen unter Kreativität, etwas ganz und gar Neues zu schaffen. Genau das ist aber Unsinn. Auf diesem falschen Glauben beruht auch der berühmte Killersatz, den Sie alle kennen: Sie haben eine kreative Idee, die das Unternehmen einen Schritt voranbringen könnte, doch dann sagt jemand im Brustton der Überzeugung: »Das ist doch nichts Neues!«

Wir hassen diesen Satz! Er bringt uns auf die Palme!

Wir sind davon überzeugt, dass es sich anders verhält. **Kreativität ist das Kombinieren von bereits Gegebenem.** Das Schöpferische im Schumpeter'schen Sinne ist nichts anderes als eine weitere Kombination bestehender Elemente, die in dieser neuen Mischung einen Wert schaffen.

Das Rezept für Innovation

Wir sind nicht die Einzigen, die auf diesen Punkt hinweisen. Erik Brynjolfsson und Andrew McAfee, die Autoren von *The Second Machine Age*, nennen das eine **»kombinatorische Revolution«**. Schöner Begriff!

Und der Ökonom Martin Weitzman bezeichnet das Ergebnis als **»Recombinant Growth«**. Er weist darauf hin, dass Innovationen niemals aufgebraucht sind. Natürlich, das Penicillin oder die Gravitation kann man nur einmal entdecken, aber im strengen Sinne ist das eben auch keine Innovation, sondern eine Entdeckung. Weitzman spricht von »Seed Ideas«, von Ideenkeimen, die unerschöpfliche Neukombinationen ermöglichen.

Ein Beispiel: Seit zirka 1990 ist die Leistungsfähigkeit von Rechnern ausreichend, um digitale Karten herzustellen. Das ist der erste Baustein. Seit es Navigationsgeräte gibt, sind GPS-Daten frei verfügbar. Das ist der zweite Baustein. Soziale Daten und Vernetzungen gibt es weltweit, seit es Facebook und Twitter gibt. Das ist der dritte Baustein. So, und nun kommen die Innovatoren von WAZE und schaffen mit ihrer genialen Navigations-App, in der Nutzer sich gegenseitig Verkehrsinformationen zur Verfügung stellen, die Kombination aus diesen drei Bausteinen. Daran ist nichts Neues. Aber es ist eine großartige Innnovation! Das fand auch Google und übernahm das Unternehmen 2013 für einen Kaufpreis in Milliardenhöhe.

Die größte Wertschöpfung entsteht immer aus der aktuell besten Mischung von Bestehendem – das heißt: Wir leben im Wettbewerb um das beste Rezept.

Jeder Koch und jeder Künstler weiß das: Die Zutaten, die Noten, die Farben sind immer die gleichen. Aber das Ergebnis kann immer wieder neu und einzigartig sein – je nach Qualität von Rezept und Ausführung.

Was für Köche und Künstler gilt, das gilt auch für Unternehmen – und damit für uns alle! Es wird immer wichtiger, uns selbst als produktiven und kreativen Wertlieferanten zu positionieren. Das heißt: Wertlieferant ist nicht derjenige, der die Anweisungen des Chefs am schnellsten und genauesten ausführt. Vielmehr entsteht echter Wert dann, wenn wir danach forschen, was es alles gibt, auch in den entferntesten Winkeln, daraus neue Kombinationen entstehen lassen und diese in nützliche Anwendungen übersetzen. In einem Zug!

Gefragt ist zunehmend, dass wir Entdecker, Abenteurer und Forscher in einem sind – und es wird künftig unser Alltag sein.

Andersdenken ist die Fähigkeit, sich aus der Umklammerung des Vertrauten zu befreien und die Dinge auf eine ganz neue Art zu kombinieren.

Die Lorbeeren von heute sind der Kompost von morgen

Über einen Mangel an Herausforderungen kann sich wohl keine etablierte Branche beschweren. Was uns immer wieder verblüfft ist, dass so viele intelligente Menschen in so vielen unterschiedlichen Branchen sich bei der Suche nach Lösungen so schwertun. Eigentlich ist das unerklärlich, denn diese Menschen verfügen ja zweifellos über gutes Fachwissen und viel Branchenerfahrung. Wie kann es dann sein, dass sie nicht in der Lage sind, Lösungen für entscheidende, ja existenzielle Probleme zu finden?

Nehmen Sie nur die folgenden Beispiele:

Buchverlage kennen ihr Metier aus dem Effeff … und verlieren trotzdem rapide an Einfluss. Warum?

Nokia war jahrelang unangefochtener Weltmarktführer … und ist trotzdem kläglich gescheitert. Warum?

Ärzte können ihre Prozesse mühelos mit Zeitplanungssoftware steuern … und trotzdem sitzen jeden Tag Tausende Menschen stundenlang in Wartezimmern rum. Warum?

Vielleicht sind genau das Fachwissen und die Erfahrung die Ursachen für diese Probleme. **Wissen und Erfahrung stehen uns nämlich immer dann am allermeisten im Weg, wenn es darum geht, wirklich neue Lösungen für branchenbezogene Her-**

ausforderungen zu finden. Oft sind es dann die kleinen oder unerfahrenen Player, die unkonventionelle Lösungen jenseits des Branchen-Mainstreams entwickeln und so zum Überholmanöver ansetzen.

Andersdenken bringt die Lösung!

Ein Beispiel für einen kleinen Player, der eine ungewöhnliche Lösung fand: die Firma Schmaus, ein Büroartikelversender aus Hartmannsdorf bei Chemnitz. Versandhandel – das ist ein hartes Geschäft, das von einigen großen Anbietern dominiert wird. Mittelständische Unternehmer können hier schnell unter die Räder kommen, wenn sie sich im ruinösen Preiswettbewerb aufreiben.

Die Lösung: Andersdenken!

Das Ergebnis: Schmaus hat die Flatrate für Büromaterial erfunden – man verkauft nicht mehr Büroartikel, sondern die Leistung, dass beim Kunden stets ausreichend Büromaterial im Haus ist. Und das zu einem attraktiven, festen monatlichen Preis.

Allerdings warf Schmaus nicht gleich den kompletten Laden über den Haufen, sondern suchte sich zum Testen zunächst einen niedrigpreisigen Artikel aus, den jeder Betrieb in größeren Mengen braucht: Das Pilotprojekt war die Stifte-Flatrate.

Schmaus ließ sich dabei von einer jungen Wirtschaftsmathematikerin helfen, die in ihrer Doktorarbeit die Formel für die Stifte-Flatrate entwickelte: Eingegeben werden Parameter wie beispielsweise die Mitarbeiterzahl, der bisherige Verbrauch und die Lieferfrequenz, ausgegeben werden monatliche Liefermenge und Kosten. Schmaus verdient nicht wie sein Wettbewerb dann am meisten, wenn man möglichst viele Stifte verkauft, sondern dann, wenn der Kunde optimal versorgt ist und dabei spart. Genial!

Im Entdeckermodus: Hinterm Horizont geht's weiter!

Die Antwort auf unsere Frage ist also: **Um in alteingesessenen Branchen Lösungen zu finden, müssen die Akteure über ihren Tellerrand hinaussehen.** Dafür genügt es nicht, einfach einen größeren Teller zu nehmen. Vielmehr sollten Sie drei Dinge tun:

Erstens: **Geistig über den Tellerrand hinaustreten!** Wir werden nicht müde, es zu betonen: Diesseits des Tellerrands finden Sie Sicherheit, Routine, Gewohntes. Das führt vor allem zu einem Ergebnis: mehr desselben. Der von uns sehr geschätzte Paul Watzlawick nennt dieses Prinzip »eines der erfolgreichsten und wirkungsvollsten Katastrophenrezepte«, auf das die Menschen gekommen seien. Und er hat recht. Wir erleben es immer wieder – sowohl im wirtschaftlichen wie auch im privaten Umfeld: Menschen halten stur an Lösungen fest, die irgendwann einmal durchaus erfolgreich waren, aber mittlerweile ihr Haltbarkeitsdatum schon lange überschritten haben. Dabei ist die Lösung naheliegend … sie findet sich jenseits des Tellerrands. Dort beginnt der wimmelnde Dschungel der Ideen, das Paradies der Andersdenker. Also: Schnappen Sie sich eine Machete und bahnen Sie sich Ihren eigenen Pfad! Suchen Sie ganz bewusst Lösungsansätze aus vollkommen anderen Gebieten und Branchen – und dann überlegen Sie, wie sich deren Vorgehensweise adaptieren und in Ihrem Feld nutzen lässt.

Zweitens: **Den Erfahrungshorizont selbstkritisch betrachten!** Je mehr Erfahrung Sie haben, je besser Sie sich auskennen, je besser Sie wissen, wie der Hase läuft, desto schwieriger wird es, sich von dieser Vorprägung wieder zu befreien und die Perspektive zu wechseln. Erfahrung ist extrem hilfreich – und gleichzeitig furchtbar einschränkend, denn irgendwann beginnen Sie zu glauben, »das macht man so« – und das ist ein Ideenkiller erster Güte. Darum: Wagen Sie sich heraus, be-

»Wenn man manchen
Menschen vorschlägt,
einmal über den
eigenen Tellerrand
hinauszublicken,
nehmen sie einfach
einen größeren
Teller.«

treten Sie unbekanntes Terrain und lassen Sie sich ruhig einmal verunsichern. Ihr Kreativzentrum wird dadurch durchlüftet und wiederbelebt.

Drittens: **Experimentieren! Pilotprojekte starten! Versuchsballons ohne Garantie auf Erfolg steigen lassen!** Das ist wesentlich lehrreicher und schlauer, als alles auf eine Karte zu setzen.

Da den Etablierten beides so schwerfällt – Andersdenken und Experimentieren –, beschränken sie sich völlig unnötig auf den alten, bewährten Kram, der bislang funktioniert hat. Und der sie plötzlich alt aussehen lässt. Dann haben sie ein großes Problem.

Damit solche Probleme für Sie gar nicht erst entstehen, seien Sie dem Wettbewerb immer einen Schritt voraus und betreten Sie regelmäßig Neuland – indem Sie Ihr Wissen und Ihre Erfahrung bewusst einmal ausschalten, wenn Sie im Entdeckermodus sind.

Lieben Sie die Kunden, die nicht normal sind

Was will der Kunde? Oft nicht das, was man als Anbieter so denkt. Nehmen wir den Architekten Thomas Rau, der zu den glühendsten Verfechtern einer nachhaltigen Architektur gehört. Er meldet sich bei Philips: »Liebe Leute, ich will 1600 Stunden lang 300 Lux auf meinem Arbeitstisch haben. Ob ihr dafür eine Lampe braucht oder ein Auto oder einen Schlafsack und ob da Milch, Gas, Wasser oder Whisky durchläuft, das interessiert mich nicht. Ich will nur Licht von euch haben. Und wenn ihr dafür Strom benötigt, okay, meinen Segen habt ihr.« Auf den Punkt gebracht: **»Was interessieren mich eure Lampen – ich will Licht!«**

Nicht interessiert am Produkt ... nicht gerade ein angenehmer Kunde, oder? Und was macht Philips? Sie kommen zunächst einmal ziemlich ins Schwitzen, und dann hören sie Rau sehr genau zu. Sie denken weiter. Sie nehmen den Impuls auf, denken nach und bauen ein neues Produkt. Das Ergebnis heißt »Pay per Lux« und ist aus dem Pilotprojekt mit Rau Architects entstanden.

Eine außergewöhnliche Anfrage von einem außergewöhnlicher Kunden mit einer außergewöhnlichen Reaktion – und mit Erfolg: **Ein innovatives Produkt ist entstanden.** Wer will, kann eine bestimmte Art und Menge von Licht einkaufen und bezahlt pro Lichteinheit »Lux«. In der Praxis sieht das so aus: Philips übernimmt die Verantwortung für die Beleuchtung in Büros und Gewerbegebäuden. Die nötigen Leuchten werden installiert und defekte Leuchtmittel ausgetauscht. Wenn energieeffizientere Lichtquellen zur Verfügung stehen, erhält sie der Pay-per-Lux-Kunde automatisch als Erster. Er zahlt eine vierteljährliche Gebühr. Der Vertrag läuft 15 Jahre.

»Ich arbeite nur mit Kunden, die intelligenter sind als ich.«

Stefan Sagmeister
österreichischer Grafikdesigner und Typograf

Beeindruckend ist auch der ökologische Zusatznutzen: Philips nimmt beim Austauschen die Leuchtmittel wieder zurück und übernimmt somit auch das Recycling. Das ist ökologischer, als wenn die Glühbirnen zusammen mit Tausenden anderen auf dem Elektroschrott landen.

Kunden, die Unternehmen aus der Komfortzone scheuchen

Diese Produktentwicklung ist eine super Sache und sehr innovativ. Aber sicher nicht der übliche Weg. Das jedoch sollte sich ändern. Adrian Slywotzky, Partner der Oliver Wyman Unternehmensberatung, formuliert es so: »Streng zukunftsorientierte Kunden machen vielleicht nur zwei oder drei Prozent Ihres Gesamtumsatzes aus. Aber sie repräsentieren ein entscheidendes Fenster in die Zukunft.«

»Wer nur normale Kunden hat, verpasst systematisch Chancen.«

Was bedeutet das für den Umgang mit Ihren Kunden?

Nichts ist einfacher, als die ganz normalen Kunden zu hofieren. Die, die unsere Produkte und Dienstleistungen zu schätzen wissen, regelmäßig große Mengen nachfragen, keinen besonderen Aufwand machen, das Wort »Sonderwünsche« gar nicht kennen und pünktlich ihre Rechnungen bezahlen. Ja, diese Kunden sind gut und wichtig. Aber bedenken Sie: Wer nur normale Kunden hat, verpasst systematisch Chancen. Dann bleibt es nämlich beim Mainstream: tun, was alle tun, ähnliche Ideen entwickeln wie alle. Ein Angebot, das sich kaum von dem der Konkurrenz unterscheidet. Alles wird austauschbar und beliebig. Sie versinken im Meer der Normalität.

Wirklich weiter bringen uns die Kunden, die uns aus unserer Komfortzone herauskatapultieren. Was aus der Normalo-Perspektive verrückt, außergewöhnlich oder gar unverschämt oder anstrengend klingen mag, macht Zukunft. Das erfordert: offen sein, zuhören, Neuland entdecken, Risiken eingehen – und dann umsetzen. Öfter mal alles, außer gewöhnlich sein. Nur so können Sie aus Ihrem Markt herausragen und sichtbar werden. Und noch etwas: Haben Sie schon mal versucht, besondere Kunden in ein normales Raster zu pressen? Lassen Sie es! Das geht regelmäßig schief, und am Ende ist keiner glücklich. Und mal ehrlich: Wer will schon normal sein?

»Versäumen Sie nicht, Kunden zu pflegen, die nicht normal sind.«

Was genau machen SIE, damit auch die außergewöhnlichen Kunden auf Sie fliegen? Wie viele Ihrer Kunden fordern Sie heraus, Zukunft zu machen? Hören Sie Ihnen zu, mehr noch, arbeiten Sie an der Lösung ihrer Probleme? Versäumen Sie nicht, Kunden zu pflegen, die nicht normal sind. Auch wenn der Aufwand hoch ist.

Sonst kommen Sie schnell in ganz normale Schwierigkeiten!

Vujà-dé – vom Unterschied zwischen Optimieren und Andersmachen

60er-Jahre-Charme, Behördenmuff und die *Gala* im Lesezirkel: Das fällt uns spontan ein, wenn wir an das Wartezimmer in der Arztpraxis denken. Aber das muss ja nicht sein. Unser Hausarzt hat vor einigen Monaten viel Geld in die Hand genommen und sein Wartezimmer neu gestaltet. Vorbildlich! Schöne weiße Stühle, Glastischchen für die Zeitschriften, indirektes Licht, große Kunstdrucke an den Wänden. Die Atmosphäre ist nun freundlich, stilvoll, ein Wartezimmer de luxe. Aber es ist immer noch ein Wartezimmer …

Sie können alles optimieren. Sie können statt *Bunte* und *Frau im Spiegel* die *brandeins* auf das Tischchen legen, Sie können statt billiger Plastikstühle teure Plastikstühle nehmen und statt der Neonröhre warmes Licht. Und so weiter. **Aber Sie könnten auch alles anders machen.** Sie könnten die Sache mit dem Wartezimmer ganz neu denken, so wie es die Berliner Zahnarzt-Gemeinschaftspraxis Leipziger 14 getan hat.

Bevor sie auch nur einen Euro ausgegeben haben, haben die Zahnärzte erst mal ihren Denkapparat aktiviert und sich gefragt: Worum geht es eigentlich? Was wollen wir überhaupt? Geht es um einen Raum, in dem Patienten während der Wartezeit aufbewahrt werden, und wir müssen dafür sorgen, dass diese verlorene Zeit nicht allzu unangenehm für sie wird? Oder können wir das auch umdrehen und einen Raum konzipieren, in dem sich Menschen freiwillig gerne aufhalten, einen Ort, an dem sie geistige Nahrung finden, die Zeit als gewonnene Zeit empfinden und

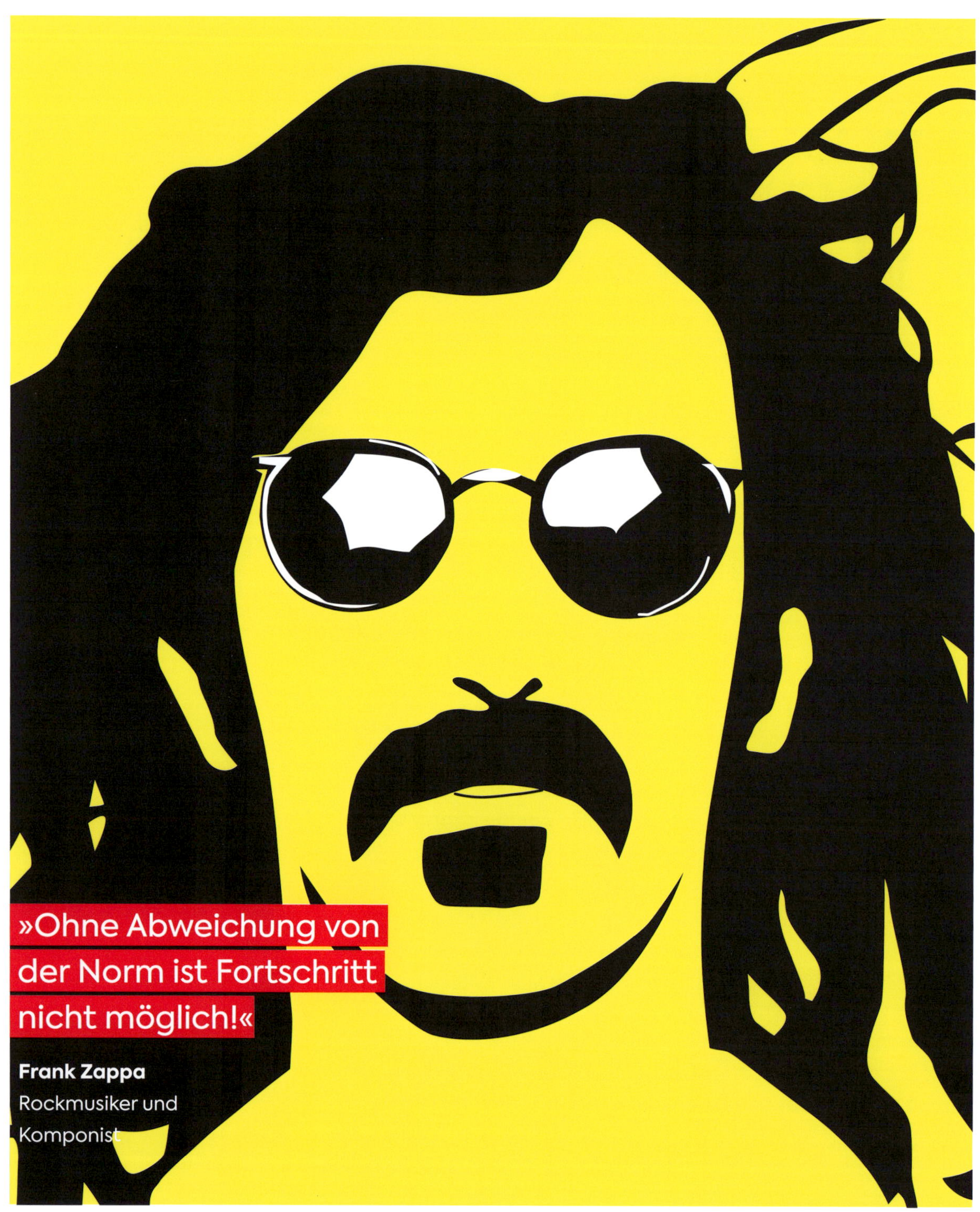

»Ohne Abweichung von der Norm ist Fortschritt nicht möglich!«

Frank Zappa
Rockmusiker und Komponist

sich dabei gerne zwischendurch mal unterbrechen lassen, um sich die Zähne richten zu lassen?

Die Zahnärzte warfen die allgemein gültige Wartezimmer-Vorstellung, die wir in den Köpfen haben, einfach aus den Köpfen und entwarfen dafür eine Art Hotellobby gekreuzt mit einer Bücherei. Ein paar hundert Bücher warten in schönen Regalen auf ihre Leser. Gemütliche Sofas geben ein Home-away-from-home-Gefühl. Wer möchte, kann sein angelesenes Buch kaufen oder sich nach der Behandlung einfach wieder hinsetzen und weiterlesen. Wenn das passiert, dann freuen sich die Zahnärzte jedes Mal wie die Schneekönige.

Als wäre es das erste Mal ...

Wenn Sie immer nur das sehen, was alle sehen, werden Sie auch nur das tun, was alle anderen tun. Dann ist es unmöglich, sich jemals grundlegend von Ihren Wettbewerbern abzuheben.

Mit einer Nullachtfünfzehn-Wahrnehmung wird Ihr Tun bei anderen immer nur einen Déjà-vu-Effekt auslösen. Bei einem Déjà-vu sehen Sie etwas zum ersten Mal, und es kommt Ihnen so vor, als hätten Sie es schon tausendmal gesehen. **Darum brauchen Sie das genaue Gegenteil eines Déjà-vus: ein Vujà-dé.** Bei einem Vujà-dé sehen Sie etwas zum tausendsten Mal, und plötzlich haben Sie die Erleuchtung, dass es auch etwas ganz anderes sein könnte. Sie sehen die Sache wie zum ersten Mal.

Vujà-dé bedeutet, das eigene Wartezimmer, die eigene Branche, das eigene Unternehmen, den eigenen Job mit unvoreingenommenem, frischem Blick zu betrachten.

Nur wenn wir dasselbe wie alle anderen betrachten, aber etwas ganz anderes dabei sehen, haben wir die Chance, die tausend Möglichkeiten, die in der Zukunft schlummern, zu entdecken. **Denn was wir wahrnehmen, bestimmt, was wir denken. Und was wir denken, bestimmt, was wir tun. Etwas anders wahrzunehmen ist also der erste Schritt dazu, etwas anders zu machen.**

Eine frische, neue Wahrnehmung ist der Beginn der Veränderung!

Die skandinavische Art der Innovation

Space 10 heißt das neue Innovation Lab von IKEA. Es liegt im hippen Stadtteil Kødbyen in Kopenhagen und soll die coole, kreative Entwicklungsschmiede für die Möbelbauer sein. »Jaaaa, klar! Ein PR-Gag!«, haben wir im ersten Moment gedacht: clever eingefädelt, um sich einen modernen, innovativen Anstrich zu verpassen.

Aber dann haben wir genauer hingeschaut und zwei bemerkenswert kluge Prinzipien aus diesem Projekt herausdestilliert:

Erstens: **Das Team Space 10.** Es geht beim Space 10 nicht darum, dass ein paar junge IKEA-Mitarbeiter einen Raum zum kreativen Rumspinnen bekommen. Die bleiben nämlich in ihren Büros und sind dafür verantwortlich, dass das normale Geschäft rundläuft. Im ausgegliederten Space 10 wurden stattdessen Outsider engagiert, also gerade keine IKEA-Mitarbeiter. Allerdings wurde auch nicht das klassische »Kunde-bestellt-Idee-bei-Agentur-Modell« gewählt. IKEA bezahlt die Räume und das ganze Drumherum. Die Ideensucher, die dort arbeiten, werden aber von der Rebel Agency, einer kleinen dänischen Designfirma, ausgesucht und engagiert. Das finden wir schlau: **So entgeht IKEA der Falle, dass zu viele Hausüberzeugungen und -praktiken den Horizont einengen.**

Zweitens: **Die Zeitschiene Space10.** IKEA sucht langfristige Ideen, um Trends und große Entwicklungen der Lebenswelten aufzuspüren. Es geht also gerade nicht darum, schnell neue Produkte für den Verkauf in nächster Zeit zu kreieren. Dieser Langfristfokus wird kombiniert mit einer sehr cleveren Verknappung: Das Jahr wird in vier Einheiten zu je drei Monate gesplittet. Jedes Quartal bekommt ein Thema. Zwei Monate tüftelt das Team (das ist sehr kurz!) – dann müssen die Prototypen fertig sein. Sofort werden die Ergebnisse einen Monat lang öffentlich vorgeführt, die Kopenhagener werden zum Testen eingeladen. Dann wird Tabula rasa gemacht, und es beginnt das nächste Quartal: neues Thema, neuer Anfang, neue Ideen. **Diese strenge thematische und zeitliche Einschränkung bildet die Leitplanken für kreative Freiheit – Ideen entstehen nämlich immer an der Nahtstelle von Ordnung und Chaos, von Freiheit und Unfreiheit.**

»Kreativität ist nicht der Besitz eines besonderen Talents. Es ist die Bereitschaft zu spielen.«

John Cleese
britischer Komiker, Schauspieler und Drehbuchautor

Wir finden diese Vorgehensweise spannend, denn sie stellt die typischen Praktiken von Innovationsteams auf den Kopf. Nein, sie stellt Innovation vom Kopf auf die Füße: Denn das übliche Innovationsmanagement kommt an seine Grenzen, sobald es darum geht, disruptive »bold new ideas« zu entwerfen, die das Potenzial haben, das Geschäftsmodell grundsätzlich zu verändern.

Der Autor Bill Taylor beschreibt die Logik dieses Vorgehens sehr gut in seinem Buch *Practically Radical*: Unternehmen müssen sich heute mit zwei Sorten Risiko auseinandersetzen. **Das erste Risiko besteht darin, gravierende Fehler zu machen, die das Boot zum Sinken bringen.** Das zu verhindern, darin sind die meisten Unternehmen sehr gut.

Das zweite Risiko besteht darin, so sehr mit dem konservativen Vermeiden beschäftigt zu sein, dass auch progressive Aktivitäten unterlassen werden, die erfolgreich gewesen wären: Dann verpassen Sie das Boot. Weil die meisten Unternehmen sehr schlecht darin sind, mit diesem Risiko umzugehen, ist das die viel größere Gefahr.

Wir finden: Das Space 10 von IKEA ist eine vorbildliche Maßnahme, um das Boot nicht nur zu erwischen, sondern um dem Feld eine Buglänge voraus zu sein.

»Wer etwas
muss

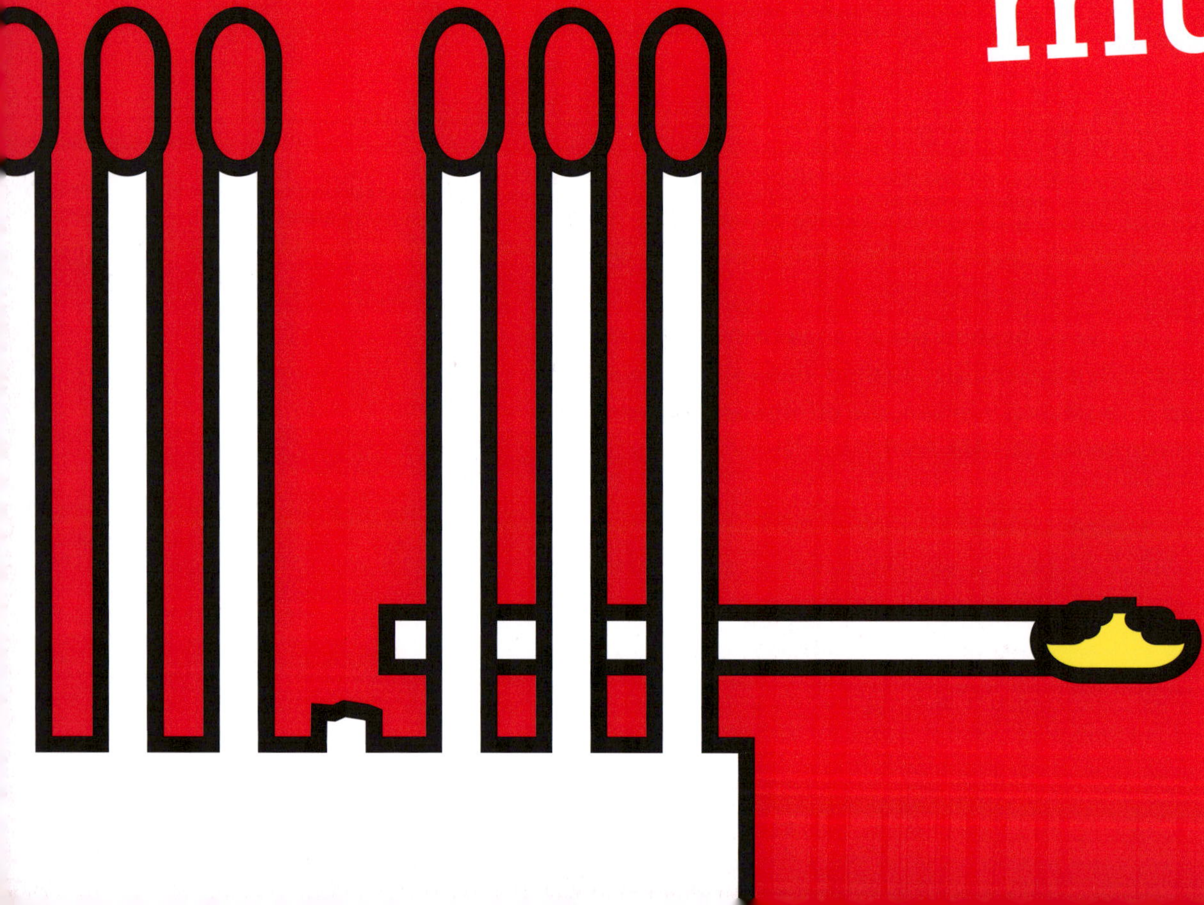

anzünden will, Fehlschläge umarmen.«

Der Erfolgsverhinderer, den nur wenige kennen

Wenn Autoren jonglieren lernen wollen, was machen sie dann? Richtig, sie kaufen sich ein Buch und bringen es sich damit selbst bei. So jedenfalls haben wir es gemacht. Das Buch heißt *Juggling for the Complete Klutz* und ist klasse!

Als wir das Buch aufschlugen und loslegen wollten, stellten wir erstaunt fest: Das Buch fängt nicht damit an zu erklären, wie man zwei oder drei Bälle in die Luft wirft und wieder auffängt. Die erste Lektion in diesem Buch ist: Drei Bälle in die Luft werfen und … fallen lassen. Und dann noch mal und noch mal und noch mal … fallen lassen.

Die Idee dahinter ist ebenso verblüffend wie bestechend: Wer jongliert, will die Bälle in der Luft halten, hat also die Befürchtung, dass sie herunterfallen. Diese Angst zehrt einen großen Anteil der vorhandenen Aufmerksamkeit und Energie auf, der dann nicht für das Lernen zur Verfügung steht. **Angst vor Misserfolg lähmt Erfolg.**

Das Gegenmittel in dem Klutz-Buch: Gewöhne dich an das Herunterfallen, bis du es nicht mehr als Misserfolg empfindest! Und ohne die Angst zu versagen, wird das Jonglieren dann sehr, sehr viel einfacher.

Diesen Gedanken finden wir großartig und goldrichtig, auch über das Jonglieren hinaus – ganz gleich ob es um das Erlernen einer Sprache, eines Musikinstruments, einer Sportart geht oder um eine neue Aufgabe, ein neues Projekt oder einen neuen Job. Ohne die lähmende Angst vor Fehlern werden wir schneller besser.

»Sobald Unternehmen versuchen, die Zahl der Flops zu verringern, kommt der Innovationsprozess zum Erliegen. Der Schlüssel zu effizienter Innovation besteht darin, schneller zu scheitern, nicht weniger häufig.«

Robert Sutton
Professor an der Stanford Graduate School of Business

Fehler begrüßen – auch die der anderen

»Ohne die lähmende Angst vor Fehlern werden wir schneller besser.«

Keine Angst vor Fehlern – das klingt ganz einfach. Die Sache hat aber einen Haken: Fehler machen unattraktiv! Wer erzählt schon mit stolzgeschwellter Brust einem Geschäftspartner, dass er pleitegegangen ist? Welches Unternehmen stellt jemanden ein, der im Bewerbungsgespräch davon erzählt, wie er mit seinem größten Fehler einen kapitalen Bock geschossen hat? Ganz egal wie viel er daraus gelernt hat.

Fehler machen wird in unserer Welt immer noch so negativ angesehen, dass es fast immer vermieden und verschwiegen wird. Auch wir tragen dazu bei, ob das so bleibt oder sich ändert. **Es geht nämlich nicht nur darum, wie wir zu unseren eigenen Fehlern stehen. Es geht vor allem darum, wie wir zu den Fehlern der anderen stehen!**

Wenn wir als strenge Fehlerverurteiler auftreten, dann bringen wir paranoid-perfektionistische Fehlervermeider hervor. Und das Ergebnis: Wir spielen mit im Schmalspur-bloß-kein-Risiko-eingehen-Mittelmaß-Film. Alle spulen täglich die immer gleichen »sicheren« Routinen ab. Und vermeiden damit nicht nur Fehler und Niederlagen. Sondern auch schnelles Lernen, begeisternde Innovationen und große Erfolge.

Dieser Gedanke hat zwei wichtige Konsequenzen:

Für Sie persönlich: Nehmen Sie sich zu Herzen, was der großartige Schweizer Konzeptkünstler und Musiker Dieter Meier sagt: **»Es gibt gar kein Scheitern. Allenfalls ein Scheitern nach außen, dass man etwas tut, was nicht erfolgreich ist.«** Letzteres findet Dieter Meier aber gar nicht so wichtig. Denn jedem Fehler im Außen steht in Ihrem Innern ein Fortschritt im Prozess des Zu-sich-Findens gegenüber. Und das Ergebnis dieses Prozesses kann etwas sein, das wiederum für andere Menschen bedeutsam ist: zum Beispiel, wenn Sie herausfinden, was Sie am besten können, oder wenn Sie ein Werk produzieren, das für andere Menschen einen Unterschied macht. Auf ganzer Linie zu versagen, außen wie innen, ist unmöglich!

Für Unternehmen: Mitarbeiter können den Zusammenhang zwischen Misserfolg und Innovation nur praktisch erfahren. Wer führt, sollte seinen Mitarbeitern so früh wie möglich die Gelegenheit zum Fehlermachen geben. Eine kurze Anleitung und ab an die Arbeit! Dass die Mitarbeiter dann Fehler machen, ist unvermeidlich. Darum brauchen sie auch erst gar keine Angst davor zu entwickeln. Dann muss allerdings eine ehrliche Auswertung der Ergebnisse folgen – ohne Schuldzuweisungen! Aber mit einer Analyse, was gut war und was nicht funktioniert hat.

Werden Sie also ein Fehlerbegrüßer – für sich persönlich und für Ihre Mitarbeiter. Denn: **Fehler sind nicht nur das Preisschild, das an einem vollwertigen Leben hängt – sie sind ein wesentlicher Baustein des Erfolgs!**

Ein Lebenslauf der Fehlschläge

»Immer versucht. Immer gescheitert. Einerlei. Wieder versuchen. Wieder scheitern. Besser scheitern.«

Samuel Beckett
irischer Dramatiker und Literaturnobelpreisträger

Wenn Sie einen Lebenslauf schreiben, um einen Job zu bekommen: Was schreiben Sie hinein? Ihre Erfolge oder Ihre Misserfolge? Die Jobs, die Sie bekommen haben, oder die Jobs, für die Sie Absagen kassiert haben? Die guten Zeugnisse und Lobreden oder die Beschwerden und den Tadel?

Was für eine Frage! Als wir in den USA studiert haben, war das Schreiben, Polieren und Optimieren des eigenen Lebenslaufs ganz normaler Bestandteil des Lehrplans – ebenso wie die Fähigkeit, im Bewerbungsgespräch möglichst vorteilhaft aufzutreten. Und das ist ja auch logisch, weil Unis danach bewertet werden, wie viele ihrer Studenten in welcher Zeit Jobs finden und was sie dann verdienen. Das heißt: Die Unis haben ein vitales Interesse daran, dass die Abgänger eine sehr gute Karriere machen – und dafür werden sie trainiert.

Auch in Europa leben wir in einer Hochglanzwirtschaft, in der es keine gute Idee ist, allzu bescheiden aufzutreten. Ganz im Gegenteil: **Schlappen werden clever in Siege umgedeutet, und Misserfolge werden routinemäßig in Triumphe verwandelt.** Macht jeder. Völlig legitim. **Umso kurioser ist das, was Johannes Haushofer gemacht hat.**

Zunächst einmal: Der Mann ist ein Überflieger. 36 Jahre alt, Psychologe, Ökonom und seit zwei Jahren Professor an der Elite-Uni Princeton. Sein Abitur hat er in Hof gemacht, einem Städtchen in Oberfranken. Für den Bachelor ging er nach Oxford, promovierte erst in Harvard, dann ein zweites Mal in Zürich. Danach arbeitete er am angesehenen MIT, dem Massachusetts Institute of Technology.

Oxford, Harvard, Zürich, MIT, Princeton – Wahnsinn! Viele Akademiker wären froh, auch nur eine einzige dieser Universitäten im Lebenslauf stehen zu haben. Haushofer hat sie alle.

Wenn also jemand eine Erfolgsstory erzählen könnte, dann er. **Doch Haushofer veröffentlichte im Internet seinen »CV of Failures« – seinen Lebenslauf der Fehlschläge!**

Eine gesunde Einstellung zum Misserfolg

Im »Lebenslauf der Fehlschläge« zählt Johannes Haushofer alle Ablehnungen auf, die er in seiner Karriere kassierte, alle Positionen, die er nicht erhielt, alle Auszeichnungen, die er nicht bekam, alle Veröffentlichungen, die abgelehnt wurden, und alle Forschungsvorhaben, die nicht finanziert wurden. Und die Liste ist lang.

Wir wissen nicht, wie viele Menschen bereit wären, wie Johannes Haushofer die eigenen Niederlagen und verpassten Gelegenheiten nicht nur aufzulisten, sondern auch noch zu veröffentlichen. Was wir aber wissen, ist: **Viele haben eine viel zu simpel gestrickte Vorstellung davon, wie Erfolge entstehen.** Erfolg ist nämlich kein ununterbrochener Aufstieg auf der Erfolgsleiter – ganz im Gegenteil! Diese Vorstellung ist genau das, was dem tatsächlichen Erfolg oftmals am meisten im Weg steht.

Wer die Schlappen und Rückschläge konsequent ignoriert, läuft Gefahr, eine verzerrte Wahrnehmung darüber zu entwickeln, wie Erfolg wirklich funktioniert. »Aufgrund dieser weit verbreiteten Haltung«, so Haushofer, »erscheinen viele Karrieren als eine ununterbrochene Aneinanderreihung von Erfolgen. **Misslingt dann etwas auf diesem strahlenden Erfolgspfad, fühlen wir uns allein und entmutigt.**«

Haushofers Kritik enthält eine große Dosis gesunden Menschenverstand und ist erfrischend ehrlich. In einer hyperkompetitiven Welt voller Erfolgsdruck, in der die persönliche wie auch die unternehmerische Weiterentwicklung zwingend damit verknüpft ist, Risiken einzugehen und Wetten mit unbestimmtem Ausgang auf die Zukunft abzuschließen, gilt immer: **Rückschläge sind unvermeidlich. Sich ihnen zu stellen und zu ihnen zu stehen ist einfach nur gesund.**

Vielleicht sind wir sogar bereits in einem Zeitalter angekommen, in dem nichts so erfolgreich ist wie der Misserfolg – insbesondere wenn wir ehrlich und konstruktiv damit umgehen.

Das korrespondiert auch mit dem letzten Punkt in der Liste der Rückschläge in Johannes Haushofers Liste. Er nennt es seinen Meta-Fehlschlag: »Dieser verdammte Lebenslauf der Fehlschläge hat viel mehr Aufmerksamkeit erhalten als mein komplettes wissenschaftliches Werk!«

Worauf Sie garantiert noch nicht genügend stolz sind

Stellen Sie sich vor, Sie hätten die Chance gehabt, sehr früh in drei Start-ups zu investieren, sagen wir: Google, FedEx und PayPal – also im Nachhinein so etwas wie die Chance des Jahrhunderts, ein Milliardentrip, der Freifahrtschein zum grenzenlosen Reichtum. Keine schlechte Vorstellung, oder?

Aber es geht noch weiter: Bitte stellen Sie sich vor, Sie hätten damals die Chance leider nicht erkannt. Hätten die drei Start-up-Buden links liegen gelassen und alle drei Investments ausgeschlagen. Und dann hätten Sie zugeschaut, wie jedes der drei Unternehmen die Welt erobert … ohne Sie. Bittere Vorstellung, oder?

»Jeder, der sein Leben aktiv gestaltet und Neues wagt, hat für sich das Risiko akzeptiert, hin und wieder heftig auf die Nase zu fallen. Das ist das Preisschild, das an einem vollwertigen Leben hängt.«

Unsere Frage an Sie ist: **Wären Sie heute stolz auf diese Flops? Hand aufs Herz!**

Der Beteiligungsgesellschaft Bessemer Venture Partners ist genau das passiert: PayPal? Zu schwieriges Geschäft! FedEx? Sieben (!) Finanzierungsrunden liefen an Bessemer vorbei, nie griffen sie zu.

Am aberwitzigsten ist die Google-Geschichte: Ein Freund eines Bessemer-Gesellschafters hatte um das Jahr 2000 herum seine Garage an zwei Studenten namens Sergey Brin und Larry Page vermietet. Als der Bessemer-Finanzier einmal zu Besuch war, wollte der Freund ihm die beiden kurzerhand vorstellen, weil sie an einer interessanten Suchmaschine bastelten. Die Antwort des Mannes von Bessemer: »Wie komme ich nur aus diesem Haus raus, ohne in die Nähe deiner Garage zu kommen?« Auf gar keinen Fall wollte er zwei weiteren Traumtänzern die Hand schütteln. Und futsch war sie, die Gelegenheit!

Doch jetzt kommt der Clou: **Heute sind die Bessemer-Bosse stolz auf ihre Flops!** So stolz, dass sie all die kapitalen Fehlschläge der 103-jährigen Unternehmensgeschichte auf der Website unter der Rubrik »Anti-Portfolio« aufführen.

Das finden wir bemerkenswert.

Der einzige Weg, nie auf die Nase zu fallen, ist der, stets auf dem Boden zu kriechen

Hinter der Offenheit, mit der Bessemer seine Flops präsentiert, steckt eine Haltung, die für uns Ausdruck höchster persönlicher und kultureller Entwicklung ist: Jeder, der sein Leben aktiv gestaltet und Neues wagt, hat für sich das Risiko akzeptiert, hin und wieder heftig auf die Nase zu fallen. Das ist das Preisschild, das an einem vollwertigen Leben hängt.

Wir alle haben die Wahl: Wenn wir uns dafür entscheiden, ein vollwertiges Leben zu führen, es aktiv zu gestalten, statt nur zu verwalten, vorne mitzuspielen, statt hinterherzuhecheln, dann werden wir zwangsläufig Fehlentscheidungen treffen – das ist der Preis, den wir für den aufrechten Gang bezahlen.

Und wir finden: **Das ist ein großartiger Grund, stolz auf sich zu sein – und auf jeden einzelnen Flop!**

»Wenn Sie sich im heutigen
wirtschaftlichen Umfeld
nicht ab und zu eine blutige
Nase holen, können Sie eigentlich
nur noch eins sein: tot.«

»Wenn Sie eine Garantie
im Leben brauchen, kaufen
Sie sich einen Toaster.«
Clint Eastwood
Schauspieler, Regisseur
und Produzent

Houston, wir haben ein Problem

Unser Buch *Alphabet des selbstbestimmten Lebens*, das wir 2015 veröffentlicht haben, entsprang der Idee, mal was ganz Neues auszuprobieren. Wir wollten wissen: Brauchen wir einen Verlag? Brauchen wir den klassischen Buchhandel? Können wir ganz anders mit Layout und Illustrationen umgehen? Müssen die einzelnen Texte lang sein, oder gibt es für uns auch passende kurze Formate? Alles in allem: Kann das Publizieren für uns nicht auch ganz anders funktionieren? Mal sehen!

Nachdem das Experiment angelaufen war, trafen wir einen Freund zum Abendessen und haben ihm von unserem Buchexperiment erzählt. Was heißt erzählt – wir haben gejammert!

Nichts war glattgelaufen! Kurz nachdem die Druckdaten fertig waren, ging die Druckerei pleite. Na ja, Mist. Also eine neue Druckerei kurzfristig aufgetrieben. Doch die hing hinter dem Zeitplan her. Mannomann, so langsam wurde es eng mit unserem Zeitplan. Frei nach dem Motto »Ein Unglück kommt selten allein« wurden die halb fertigen Bücher auch noch in die falsche Buchbinderei geliefert. Jetzt war es besiegelt: Wir konnten den angekündigten Auslieferungstermin nicht mehr halten. Das war aber noch nicht die Krönung dieser Kette von Pech, Pleiten und Pannen. Die trat ein, als wir feststellen mussten, dass der Buchbinder nicht sauber gearbeitet hatte: Bei einem Teil der Bücher schlug der Buchdeckel innen Blasen. Schließlich sollte das Buch endlich lieferbar sein, aber in allen Buchläden hieß es »nicht lieferbar«, was nicht gerade verkaufsfördernd ist – um es mal vorsichtig auszudrücken. Wie sich herausstellte, waren die Bücher beim Großhändler aus irgendeinem Grund irgendwo im Lager gestrandet und noch nicht einsortiert und erfasst, also tatsächlich nicht lieferbar.

Jammer! Beschwer! Ärger!

»Denken Sie öfter wie ein Wissenschaftler!«

Unser Freund, der ein Naturwissenschaftler und begnadeter Forscher ist, hörte sich das alles ruhig an. Aber dann eröffnete er uns seine Sicht auf unser Experiment: **Aus seiner Perspektive war unser Experiment bestens verlaufen.**

»Wie jetzt? Bestens? Im Ernst?«

»Aber ja, was genau ist denn euer Problem? Warum jammert ihr denn? Ihr habt doch gerade gesagt, dass es ein Experiment ist. **Also schaut es auch an wie ein Experiment!**«

Denken wie ein Wissenschaftler

Und so bekamen wir beim Essen eine gründliche Lektion darüber, wie Wissenschaftler mit Fehlschlägen umgehen und was wir davon lernen können: Wenn Wissenschaftler ein Experiment durchführen, dann können alle möglichen Dinge passieren. Manche Ergebnisse stützen die Hypothese, manche widerlegen sie. Und manchmal kommt überhaupt kein Ergebnis raus, was auch schon wieder ein Ergebnis ist. **Jedes Ergebnis ist ein Stück Information, das schlussendlich zu einer Antwort auf die Ausgangsfrage führt.**

Das ist interessant, weil es so ganz anders ist als unsere übliche Sicht auf Experimente. Fehlschläge werden in der Wirtschaft oftmals gleichbedeutend mit einem persönlichen Versagen gesehen: »Das hättest du doch wissen müssen!« »Warum hast du nicht bedacht, dass …?« Und so weiter.

Für einen Wissenschaftler aber ist ein fehlgeschlagenes Experiment kein Beweis dafür, dass er ein schlechter Wissenschaftler ist. Im Gegenteil! Herauszufinden, dass eine Hypothese falsch ist, ist mindestens so wertvoll, wie herauszufinden, dass sie richtig ist.

Also: Denken Sie öfter wie ein Wissenschaftler!

Fehlschläge sind einfach nur Informationen, die Ihnen helfen, die richtige Antwort zu finden.

Natürlich sind Fehlschläge kein riesiger Spaß. Aber sie sind immer Begleiter von Wachstum, Erkenntnis und Entwicklung. Und ein missglückter Versuch hat nichts mit uns als Person zu tun. Ein fehlgeschlagenes Experiment, das sind nicht wir. Das bedeutet aber auch: Ein geglücktes Experiment, das sind ebenfalls nicht wir! Das alles sind Informationen, die uns helfen, zu wachsen, besser zu werden und für das nächste Experiment besser gerüstet zu sein.

PS: Unser Buch kam dann doch in den Handel. Und alles war gut …

»Warten
Erlaubnis

Sie nicht auf die anderer!«

Es braucht nur einen Funken

»Oft ist das berühmte, eindrucksvolle Motto ›Think big!‹ eben nicht besonders hilfreich.«

In den Unternehmen, mit denen wir zusammenarbeiten, begegnen wir sehr häufig sehr engagierten Menschen, die beruflich wie privat gerne Funken der Veränderung entzünden würden – die aber spüren, dass sie an Grenzen stoßen.

Was wir dann oft hören, sind Aussagen wie: »Ja, ich würde gerne was verändern … aber ich kann unsere Firma doch nicht ändern! … aber ich kann das Schulsystem doch nicht ändern! … aber ich kann das politische System doch nicht ändern!«

Ja, das stimmt. Sie können die komplette Firma nicht verändern. Sie können das Bildungssystem nicht verändern. Sie können die Bundesrepublik Deutschland nicht verändern. Sie können genauso wenig den Ozean zum Kochen oder die Wüsten der Welt zum Blühen bringen. **Denn die Nummer ist einfach zu groß!**

Oft ist das berühmte, eindrucksvolle Motto »Think big!« eben nicht besonders hilfreich.

Wenn ein Ziel zu groß ist, dann erzeugt der Wunsch, etwas zu bewegen, genau das Gegenteil: Stillstand. Nichts passiert. Nichts ändert sich. Die Energie verpufft einfach, und alles bleibt, wie es war.

Und jetzt? Wie wäre es mit einem heilsamen Kontrast? Wenn es unmöglich ist, »Think big« zu praktizieren und gleich »die Welt« zu verändern, so ist es jedenfalls nicht unmöglich, »meine Welt« zu verändern.

Hierfür haben wir zwei Ideen:

Think small! Klein zu denken macht den Unterschied zwischen Stillstand und Bewegung. Zwischen einer ganz anderen Welt, die Sie nie erreichen werden, und hilfreichen praktischen kleinen Lösungen, die Sie voranbringen.

Nein, Sie können die große Organisation nicht komplett ändern. Das ist »die Welt«. Aber jeder kann »seine Welt« verändern … und damit tatsächlich Spuren hinterlassen. Mit jedem kleinen Schritt.

Das ewige Hadern mit dem »Aber ich kann ja nicht, weil …« ist nichts anderes als eine verdeckte Ausrede, eine Rechtfertigung, um am Ende nichts zu tun. Es lenkt ab von dem, auf das es eigentlich ankommt:

Leisten. Liefern. Ergebnisse bringen.

Das klingt gewaltig, und es ist großartig, wenn Sie das erreichen. Es ist aber keine Aufgabe für Riesen. Denn wie Konfuzius sagte: »Der Mensch, der den Berg versetzte, war derselbe, der anfing, kleine Steine wegzutragen.«

Nicht fragen – machen!

Um etwas zu verändern, ist nichts weiter nötig, als – einfach anzufangen! Ein Beispiel gefällig? Bitte schön!

Ein Restaurant eröffnen – jetzt sofort und *just for fun*, nur für einen Tag? Nee, das geht nun wirklich nicht. Denken Sie nur an all die Vorschriften und Genehmigungen, die Sie brauchen. Die Liste der Ämter, die mit im Boot sein müssen, und die der Gesetze, die Sie zu beachten haben, übertrifft locker den Umfang einer üblichen Speisekarte. Aber schön wär's schon …

Dachte sich auch Timo Santala, als er mit zwei Freunden in Helsinki »Ravintolapäiva« – den Restaurant Day – erfand. Die Idee: **Jeder, der Lust hat, soll an diesem Tag ein Restaurant eröffnen. Genau für einen Tag.** Und niemand soll sich dabei um das ganze lästige Beiwerk kümmern. Keine Genehmigungen, keine Standards, kein Marketing.

Worum es hier geht, ist eine ganz entscheidende Zutat: Leidenschaft. Leidenschaft fürs Kochen für andere. Und Leidenschaft fürs Essen. Die soll jeder für einen Tag ausleben können.

Worum es hier außerdem geht: um das Ausprobieren. Ohne Barrieren im Kopf. Innerhalb dieses Freiraums entsteht sicher nicht der siebenunddreißigste Italiener der Stadt … Nein, mit dieser Freiheit für einen Tag sprießen großartige und außergewöhnliche Ideen, zu denen unter normalen Bedingungen möglicherweise niemand den Mut hätte.

»Um etwas zu verändern, ist nichts weiter nötig, als – einfach anzufangen!«

Ein Restaurantday ist so etwas wie das Innovationslabor der Gastronomie. Und wer weiß, vielleicht bekommt der Experimentator Lust auf mehr – oder jemand greift seine Idee auf …

Gedacht, getan! Timo Santala und seine Freunde verbreiteten die Botschaft, und beim ersten Mal, am 21. Mai 2011, eröffneten spontan 45 kleine, sehr besondere Restaurants. Heute ist der Restaurant Day »the world's largest food carnival«: Allein in den ersten fünf Jahren seines Bestehens haben über 27 000 Eintags-Restaurants in 75 Ländern mehr als drei Millionen Menschen bedient. Fantastisch!

Übrigens: Keines der bisherigen »Pop-up-Restaurants« hatte je eine offizielle Genehmigung. Seit ihrer Gründung läuft die Initiative quasi im rechtsfreien Raum. »So what?«, meint Santala. »Eat first, ask questions later« ist folgerichtig das Motto der Bewegung.

Genau das ist der Reiz:

Eben nicht fragen.

Nicht irgendwo den Segen abholen.

Einfach machen.

Zündhölzer für Veränderung

Der Restaurant Day war eine spontane Idee mit überschaubarem Aufwand in der Umsetzung – und großer Wirkung. Aber ob die Wirkung groß oder klein ist und ob es am Ende ein Erfolg oder ein Misserfolg wird, darauf kommt es nicht an.

Entscheidend ist etwas anderes – und genau dazu wollen wir Sie mit unserem Buch anstiften: **Warten Sie nicht darauf, dass Ihnen jemand erlaubt, was Sie leidenschaftlich gut und absolut richtig finden!**

Warten Sie nicht auf Macht. Nicht auf die einflussreiche Position. Nicht auf den offiziellen Auftrag. Greifen Sie zu! Werden

Sie initiativ! Fangen Sie einfach an! Probieren Sie's aus! Mit Leidenschaft, Fantasie und Beharrlichkeit.

Frei nach dem Motto: **»Besser hinterher um Verzeihung bitten, als vorher um Erlaubnis zu fragen.«**

Jede Veränderung fängt klein an und fängt bei Ihnen an. In diesem Buch finden Sie viele Zündhölzer für Veränderung, die in Ihren Händen Wirkung entfachen können. Jedes Feuer beginnt mit einem Funken. Entzünden Sie damit Ihre Flamme – eine Flamme, die für Veränderung brennt!

Wir wünschen Ihnen dabei viel Erfolg.

Herzlich grüßen Sie
ANJA FÖRSTER & PETER KREUZ